Annette Anderson

Molekularbiologischer Nachweis von Krankheitserregern in Lebensmitteln

Annette Anderson

Molekularbiologischer Nachweis von Krankheitserregern in Lebensmitteln

PCR- und Real-Time PCR-Verfahren zum Nachweis von Salmonella spp. und thermophilen Campylobactern

Südwestdeutscher Verlag für Hochschulschriften

Impressum / Imprint
Bibliografische Information der Deutschen Nationalbibliothek: Die Deutsche Nationalbibliothek verzeichnet diese Publikation in der Deutschen Nationalbibliografie; detaillierte bibliografische Daten sind im Internet über http://dnb.d-nb.de abrufbar.
Alle in diesem Buch genannten Marken und Produktnamen unterliegen warenzeichen-, marken- oder patentrechtlichem Schutz bzw. sind Warenzeichen oder eingetragene Warenzeichen der jeweiligen Inhaber. Die Wiedergabe von Marken, Produktnamen, Gebrauchsnamen, Handelsnamen, Warenbezeichnungen u.s.w. in diesem Werk berechtigt auch ohne besondere Kennzeichnung nicht zu der Annahme, dass solche Namen im Sinne der Warenzeichen- und Markenschutzgesetzgebung als frei zu betrachten wären und daher von jedermann benutzt werden dürften.

Bibliographic information published by the Deutsche Nationalbibliothek: The Deutsche Nationalbibliothek lists this publication in the Deutsche Nationalbibliografie; detailed bibliographic data are available in the Internet at http://dnb.d-nb.de.
Any brand names and product names mentioned in this book are subject to trademark, brand or patent protection and are trademarks or registered trademarks of their respective holders. The use of brand names, product names, common names, trade names, product descriptions etc. even without a particular marking in this works is in no way to be construed to mean that such names may be regarded as unrestricted in respect of trademark and brand protection legislation and could thus be used by anyone.

Coverbild / Cover image: www.ingimage.com

Verlag / Publisher:
Südwestdeutscher Verlag für Hochschulschriften
ist ein Imprint der / is a trademark of
AV Akademikerverlag GmbH & Co. KG
Heinrich-Böcking-Str. 6-8, 66121 Saarbrücken, Deutschland / Germany
Email: info@svh-verlag.de

Herstellung: siehe letzte Seite /
Printed at: see last page
ISBN: 978-3-8381-3613-4

Zugl. / Approved by: Berlin, Charité-Universitätsmedizin, Dissertation, 2009

Copyright © 2013 AV Akademikerverlag GmbH & Co. KG
Alle Rechte vorbehalten. / All rights reserved. Saarbrücken 2013

für meinen Mann und meine Söhne

Inhaltsverzeichnis

1 Einleitung..9
1.1 Aktuelle Bedeutung der Lebensmittelinfektionen 9
1.2 Pathogene Keime als Verursacher von Lebensmittelinfektionen.......13
1.2.1 Salmonella spp...13
1.2.2 Campylobacter jejuni und Campylobacter coli...............................17
1.2.3 Listeria monocytogenes...20
1.3 Molekularbiologische Verfahren für den Erregernachweis bei Lebensmittelinfektionen..22
1.3.1 Polymerasekettenreaktion (qualitative PCR) zum Erregernachweis...............23
1.3.2 Real-Time PCR zum Erregernachweis..24
1.3.3 Microarray-Verfahren zum Erregernachweis..................................26
1.3.4 Pulsfeldgelelektrophorese (PFGE) als Typisierungsverfahren für Erreger.......27
1.3.5 Amplifikationskontrollen für die PCR und Real-Time PCR...........28
1.4 Aufgabenstellung..31
2 Material und Methoden...33
2.1 Kultivierung von Bakterien..33
2.1.1 Feste und flüssige Nährmedien 33
2.1.2 Anzucht von Referenzstämmen 33
2.2 Methoden zum kulturellen Nachweis von Bakterien.........................34
2.3 Artifizielle Kontamination von Lebensmitteln mit Bakterien (Dotierungsexperimente)..35
2.3.1 Salmonella Typhimurium..35
2.3.2 Campylobacter jejuni...35
2.4 DNA-Extraktion...36
2.4.1 CTAB-Methode..36
2.4.2 Qiagen DNeasy Tissue Kit zur DNA-Extraktion............................38
2.4.3 High Pure foodproof II Kit (Roche Diagnostics).............................40
2.4.4 DNA-Präparation durch thermische Lyse..41

2.5 Agarosegelelektrophorese zur Auftrennung von Nukleinsäuren..........................41
2.6 Photometrische Bestimmung der DNA-Konzentration..42
2.7 Kriterien und Vorgehensweise für Primer- und Sonden-Design für die PCR und Real-Time PCR..43
2.8 Qualitative PCR-Nachweisverfahren..46
2.8.1 Nachweis von Salmonella spp. mit PCR...46
2.8.2 Nachweis von Campylobacter jejuni und Campylobacter coli mit PCR...........47
2.8.3 Nachweis von Listeria monocytogenes mit PCR...48
2.9 Real-Time PCR Verfahren..49
2.9.1 Real-Time PCR mit SYBR-Green zur Methodenoptimierung des Campylobacter-Nachweises...49
2.9.2 Nachweis von Salmonella spp. mit der Real-Time PCR..................................51
2.9.3 Nachweis von Campylobacter jejuni und Campylobacter coli mittels Real-Time PCR...52
2.9.4 Nachweis von Listeria monocytogenes mittels Real-Time PCR......................54
2.10 Amplifkationskontrollen für die qualitativen PCR-Nachweise und die Real-Time PCR Nachweise...56
2.10.1 Externe Inhibitionskontrolle als Amplifikationskontrolle für die qualitative PCR..56
2.10.2 Entwicklung einer internen Inhibitionskontrolle (IPC) als Amplifikationskontrolle der Real-Time PCR...58
2.10.3 Klonierung der internen Amplifikationskontrolle IPC-ntb2 und Optimierung für den Einsatz in der Real-Time PCR..58
2.10.4 Ansatz der Real-Time PCR-Nachweise mit dem Nachweis einer internen Inhibitionskontrolle (IPC)...62
2.11 DNA-Biochip-Analytik zum parallelen Nachweis mehrerer pathogener Keime 64
2.11.1 Reagenzien des Kits...64
2.11.2 Durchführung der Analytik mit dem Nutri®Chip..64

2.11.3 Auswertung des Nutri®Chip...65
2.12 Methode zur Typisierung von Salmonella-Serovaren mittels
Pulsfeldgelelektrophorese 65
2.12.1 Standard-Protokoll für die PFGE 65
2.12.2 Bio-Rad-Methode für die PFGE...66
2.13 Berechnung der Validierungsparameter..68
3 Ergebnisse 71
3.1 Nachweis von Salmonella spp. mit der PCR..71
3.1.1 Qualitative Polymerasekettenreaktion (PCR) für Salmonella spp............71
3.1.2 Spezifität der PCR für Salmonella spp...71
3.1.3 Sensitivität der PCR für Salmonella spp..72
3.1.4 Nachweis von Salmonella spp. mit der Real-Time Polymeraseketten-reaktion
(PCR) 72
3.1.5 Spezifität der Real-Time PCR für Salmonella spp...................................73
3.1.6 Sensitivität der Real-Time PCR für Salmonella spp. (Nachweisgrenze)..........76
3.1.7 Validierung der Real-Time PCR für Salmonella spp. im Vergleich zur
kulturellen Nachweismethode anhand natürlich kontaminierter Proben (Relative
Sensitivität und Relative Spezifität)..77
3.1.8 Methodenvergleich der Real-Time PCR für Salmonella spp. und der kulturellen
Nachweismethode anhand artifiziell kontaminierter Proben (Dotierungsexperimente)
....78
3.1.9 Ringversuche zum Nachweis von Salmonella spp. mit Real-Time PCR..........82
3.1.10 Berechnung der Validierungsparameter der Real-Time PCR für Salmonella
spp...84
3.1.11 Pulsfeldgelelektrophorese (PFGE) von Salmonella spp..................................85
3.2 Nachweis von Campylobacter jejuni und Campylobacter coli...........................90
3.2.1 PCR und Real-Time PCR für C. jejuni und C. coli..90
3.2.2 Entwurf und Optimierung des Primer-Sonden-Systems 90
3.2.3 Spezifität der Real-Time PCR für C. jejuni und C. coli...................................92

3.2.4 Sensitivität der PCR und der Real-Time PCR für C. jejuni und C. coli (Nachweisgrenze)..................94
3.2.5 Validierung der Real-Time PCR für C. jejuni und C. coli im Vergleich zur kulturellen Nachweismethode anhand natürlich kontaminierter Proben (Relative Sensitivität und Relative Spezifität)..................95
3.2.6 Methodenvergleich der Real-Time PCR für C. jejuni und C. coli und der kulturellen Nachweismethode anhand artifiziell kontaminierter Proben (Dotierungsexperimente)..................96
3.2.7 Berechnung der Validierungsparameter der Real-Time PCR für C. coli und C. jejuni..................99
3.3 Nachweis von Listeria monocytogenes mit PCR und Real-Time PCR..................100
3.4 Paralleler Nachweis von Salmonella spp., Listeria monocytogenes und thermophilen Campylobactern mit der Micro-Array-Technologie (Nutri®Chip)....102
3.5 Interne Amplifikationskontrollen für die PCR und die Real-Time PCR..................106
4 Diskussion..................109
4.1 Nachweis von Salmonella spp. mit qualitativer PCR und Real-Time PCR und Vergleich mit der kulturellen Methode..................109
4.2. Typisierung von Salmonella spp. Isolaten aus Lebensmitteln mit der Pulsfeldgelelektrophorese (PFGE)..................115
4.3 Nachweis von Campylobacter coli und Campylobacter jejuni mit PCR und Real-Time PCR..................118
4.4 Nachweis von Listeria monocytogenes mit PCR..................122
4.5 Paralleler Nachweis von Salmonella spp., Listeria monocytogenes und thermophilen Campylobactern mit dem Nutri®Chip (Microarray)..................123
4.6 Interne Amplifikationskontrolle für die PCR und Real-Time PCR..................125
5 Zusammenfassung..................129
6 Literatur..................132
7 Anhang..................157
7.1 Publikationen, Poster und Tagungsbeiträge..................157

7.2 Abkürzungsverzeichnis..159
7.3 Chemikalien, Pufferlösungen, Nährmedien und Materialien............................161
7.3.1 Chemikalien..161
7.3.2 Geräte und Verbrauchsmaterialien..163
7.3.3 Nährmedien für die Anzucht von Bakterien..164
7.3.4 Reagenzien für die Molekularbiologie..167
7.3.5 Rezepturen für die Molekularbiologie..168

8

1 Einleitung

1.1 Aktuelle Bedeutung der Lebensmittelinfektionen

„Jeder Mensch hat ein Recht auf Zugang zu Lebensmitteln, die den Nährstoff-bedarf decken und die sicher sind", fordert die Weltgesundheitsorganisation WHO. Nach ihrer Einschätzung erkranken jährlich ca. 30% der Bevölkerung in den Industrienationen an Lebensmittelinfektionen durch den Verzehr kontaminierter Lebensmittel (Anonymous 2007a). Über 250 verschiedene Infektionen sind weltweit bekannt (Anonymous 2005a). Den größten Anteil an den lebensmittel-assoziierten Infektionen in Europa stellen Erkrankungen durch verschiedene bakterielle, virale und parasitäre Erreger von Gastroenteritiden wie Campylobacter, Salmonellen, Listerien und Noroviren dar (Anonymous 2006a).

So erkrankten 2006 in der Europäischen Union über 175 500 Personen an einer Campylobacter-Infektion. Die Fallzahlen für Salmonella-Infektionen sind in den letzten Jahren gesunken, sie bleiben aber die zweit häufigste Lebensmittelinfektion mit 160 649 Fällen. Demgegenüber ist im Vergleich zum Vorjahr bei Listerien ein Anstieg um 8,6% zu verzeichnen, 2006 wurden in der EU 1 583 Fälle gemeldet (Anonymous 2007b).

Trotz hoher Hygienestandards in den Industrieländern kommt es aufgrund verschiedener Trends, unter anderem aus nachfolgenden Gründen nach wie vor zu hohen Fallzahlen (Schlundt 2004). Eine sich ausweitende Globalisierung des Lebensmittelhandels führt durch die internationale Lebensmittelfertigung, den Import und Export dazu, dass nicht nur die Produkte, sondern mit ihnen auch die Infektionserreger in verschiedenste Länder transportiert und verbreitet werden. Ebenso bergen Veränderungen in den Verzehrsgewohnheiten wie z.B. eine Bevorzugung von Fertigprodukten einerseits oder von möglichst gering verarbeiteten Lebensmitteln andererseits, neue Risiken (Bräunig 2004, Anonymous 2004). Auch moderne Produktions- und Verarbeitungsmethoden können das Einbringen von Pathogenen in die Lebensmittelkette nicht ganz verhindern. Vor allem bei der

Herstellung tierischer Lebensmittel stellen Bestände, in denen die Tiere z.B. mit *Salmonella spp.* oder *Campylobacter* infiziert sein können, ohne selbst klinische Symptome auszuprägen, eine Gefahr dar (Fehlhaber 2004).

Aber nicht nur veränderte Bedingungen der Herstellung, des Handels oder des Verzehrs von Lebensmitteln tragen zu einem Anstieg der Infektionen bei, sondern auch die ökologische Anpassungsfähigkeit und genetische Variabilität der pathogenen Keime selbst. Durch den Erwerb von Antibiotikaresistenzen oder die Entwicklung neuer Virulenzfaktoren kommt es mitunter zum Wiederauftreten von Keimen („reemerging pathogens"), die in der Vergangenheit an Bedeutung verloren hatten. Ebenso treten immer wieder neue pathogene Keime auf, z.B. *E. coli* O 157H7 (erstmalig 1982 identifiziert) bzw. solche, die vormals nicht mit Lebensmitteln in Verbindung gebracht worden waren (Newell 2004, Robertson 2004, Anonymous 2002a). Aufgrund von Veränderungen in der Lebensmitteltechnologie oder Handhabung von Lebensmitteln können diese neu auftretenden pathogenen Erreger begünstigt werden.

Neben neu oder erneut auftretenden pathogenen Erregern, lassen sich in den letzten Jahren weitere Tendenzen beobachten. Die Keime besitzen vermehrte Antibiotika-Resistenzen und es lassen sich weltweite Pandemien mit größeren Ausbrüchen einiger Erreger verfolgen. Auf dem Vormarsch sind auch opportunistische Erreger, mit denen sich vorwiegend bestimmte Risikogruppen (z.B. immunsupprimierte Patienten) infizieren (Tauxe 2002).

In Deutschland liegen die gemeldeten Lebensmittelinfektionen bei 200 000-250 000 Fällen pro Jahr (Anonymous 2007c), die Dunkelziffer wird allerdings auf das Zehnfache geschätzt. *Salmonella spp.* und *Campylobacter jejuni* und *coli* treten als häufigste bakterielle Erreger auf. So wurden für das Jahr 2006 beim Robert-Koch-Institut 52.575 Infektionen mit enteritischen Salmonellen (d.h. S. Typhi und S. Paratyphi ausgenommen) gemeldet, dabei ist ein leichter Anstieg gegenüber dem Vorjahr verzeichnet worden, nachdem die Fallzahlen in den letzten Jahren gesunken waren. Seit ca. zwanzig Jahren ist ein stetiger Anstieg an Infektionen mit *C. jejuni* und *C. coli* zu beobachten, 2005 waren es 62.133 Fälle; nur im Jahr 2006 wurden wieder weniger Fälle gemeldet (52.035).Von Bedeutung sind ebenso pathogene *Escherichia coli* (z.b. enterohämorrhagische *E.coli*, EHEC), *Listeria monocytogenes* und lebensmittelassoziierte Viren (z.B. Noroviren). Bei *L. monocytogenes* treten zwar vergleichsweise geringe Fallzahlen auf, jedoch verliefen 11% der gemeldeten Fälle (56 von 508) tödlich (Anonymous 2007c). Hier ist in den letzten Jahren ebenfalls eine steigende Anzahl an Infektionen zu verzeichnen.

Neben Einzelinfektionen kommen immer wieder Ausbruchsgeschehen vor, an denen eine Vielzahl an Personen beteiligt sein kann. Von Dezember 2004 bis März 2005 kam es zu einem größeren, überregionalen Ausbruch von *Salmonella* Bovismorbificans in Deutschland, bei dem 410 Personen erkrankten und ein Patient verstarb. Als Ursache konnte ein S. Bovismorbificans-Stamm aus Schweinefleisch ermittelt werden (Anonymous 2005b). Im Herbst 2005 traten gehäufte S. Typhimurium DT104-Infektionen in den Niederlanden auf. Es wurden 165 Fälle gemeldet. Kontaminiertes Rindfleisch wurde als Ursache vermutet (Kivi 2005). Aktuell kam es zu einem überregionalen Ausbruch von Salmonellose-Erkrankungen in Deutschland im Sommer 2007, von dem überwiegend Kinder betroffen waren. Es wurden 51 Infektionen mit S. Panama gemeldet, die vermutlich mit dem Verzehr von Rohwurstprodukten zusammenhingen (Anonymous 2008). Auch weitaus größere Ausbruchsgeschehen sind beschrieben, z.B. ein Salmonellose-Ausbruch in den USA im Jahr 1994, von dem 224.000 Personen betroffen waren. Der Auslöser war verunreinigtes Speiseeis. Beim größten bislang verzeichneten Ausbruch von E. coli O157:H7 erkrankten 1996 in Japan 6.300 Schulkinder (Anonymous 2002b).

Bei einigen Erregern von Lebensmittelinfektionen besteht neben der akuten Erkrankung auch das Risiko einer Folgeerkrankung, wie Sepsis, Fehlgeburten oder das hämolytisch-urämische Syndrom. Unter Umständen können auch Erkrankungen mit chronischem Verlauf auftreten, z.B. kann eine Infektion mit *C. jejuni* in einem geringen Prozentsatz der Fälle das sog. Guillan-Barré-Syndrom nach sich ziehen oder eine Salmonella-Infektion eine reaktive Arthritis (Robertson 2004, Leonard 2004).

Lebensmittelinfektionen stellen ein großes und wachsendes Problem für das öffentliche Gesundheitswesen dar. Die gezielte und rasche Diagnostik von Lebensmitteln auf pathogene Mikroorganismen kann eine effektivere Vermeidung von gesundheitlichen Risiken durch kontaminierte Produkte ermöglichen.

1.2 Pathogene Keime als Verursacher von Lebensmittelinfektionen
1.2.1 *Salmonella* spp.

Salmonella spp. sind fakultativ anaerobe, stäbchenförmige, gram-negative Bakterien der Familie der Enterobacteriaceae. Die Gattung *Salmonella* wird in zwei Spezies, *S. enterica* mit sieben Subspecies und *S. bongori* untergliedert (Brenner 2003) s.Tab. 1.

Genus	Salmonella						
Spezies	S. enterica						S. bongori
Subspezies	enterica	salamae	arizonae	diarizonae	houtenae	indica	-
Bezeichnung	I	II	IIIa	IIIb	IV	VI	(ehemals V)

Tab.1 Taxonomische Untergliederung der Salmonellen

Lange Zeit galt *S. bongori* als für den Menschen weniger pathogen, wird aber heute, nachdem immer mehr Krankheitsfälle aufgetreten sind, ebenfalls als zweifelsfrei humanpathogen angesehen (Wieler 1999). Aufgrund ihrer unterschied-lichen Antigenmuster werden die Salmonellen weiter unterteilt in Serovare, von denen weltweit mittlerweile über 2500 bekannt sind. Unter den Erregern der Salmonellose beim Menschen dominiert dabei in Europa das Serovar S. Enteritidis als Ursache für mehr als 60% der gemeldeten Fälle, gefolgt von S. Typhimiurium (Methner 2006). Gerade in den letzten Jahren wurden aber auch vermehrt Salmonellose-Ausbrüche beobachtet, für die auch untypische und sonst seltene Serovare verantwortlich waren, wie z.B. S. Oranienburg (Gilsdorf 2005) oder S. Bovismorbificans (Anonymous 2005b, Mead 1999).

Die Salmonellose ist aus medizinischer, veterinärmedizinischer wie auch ökono-mischer Sicht weltweit eine der bedeutendsten Zoonosen. Untersuchungen in den USA ergaben, dass ca. 95% der nichttyphoiden und 80% der Infektionen mit S. Typhi auf die Aufnahme kontaminierter Lebensmittel zurückzuführen sind (Anonymous 2002c). An der Spitze der Infektionen verursachenden Lebensmittel stehen Geflügelfleisch und rohe Eier (bzw. Speisen mit Rohei). Weitere Quellen sind rohes, bzw. nicht durchgegartes Fleisch, Wurstprodukte, Rohmilch aber auch z.B. Gewürze oder Schokolade, selten Trinkwasser. Damit eine Erkrankung ausgelöst wird, müssen lebende, vermehrungsfähige Zellen aufgenommen werden, die sich dann im Darm vermehren können. Dabei werden unterschiedliche Infektionsdosen für enteritische Salmonellen von 10^4-10^6 bzw. 10^2 KBE berichtet, wenn es sich um abwehrschwache Personen, Kleinkinder oder alte Menschen handelt (Bockemühl 1997).

Bei den typhösen Salmonellen (S. Typhi und S. Paratyphi) wird von einer geringen infektiösen Dosis von ca. 10^2-10^3 KBE ausgegangen. Im Verlauf der Infektion dringen die Erreger in das Dünndarmepithel ein, gelangen von dort aus in regionäre Lymphknoten, in denen sie sich weiter vermehren und von wo aus sie verschiedenste Organe besiedeln können. Unbehandelt dauert die Infektion bis zu über 5 Wochen, es treten hohes Fieber, oft eine Angina und Bronchitis, Durchfälle und Kopfschmerzen auf (Hof 2000). Kommt es zu Pneumonie, Myokarditis oder Kreislaufkollaps, so kann die Infektion zum Tod führen, ohne Behandlung liegt die Letalität bei 15%. Typhöse Salmonellosen kommen vor allen Dingen bei schlechten hygienischen Verhältnissen, z.B. bei Katastrophen oder Kriegswirren vor. In Deutschland ging die Zahl der Erkrankungen seit dem Ende des zweiten Weltkrieges ständig zurück.

Hingegen sind die Erkrankungen mit enteritischen Salmonellen seit den 1950er Jahren stetig angestiegen und nur in den letzten Jahren leicht gesunken. Bei einer Infektion mit enteritischen Salmonellen treten nach ca. 8-72 Stunden Übelkeit, Erbrechen, Fieber, Bauchschmerzen und Durchfall auf. Meist klingen die Beschwerden nach einigen Tagen ab und die Erkrankung heilt spontan ab. Im Verlauf der Infektion dringen die Bakterienzellen in das Dünndarmepithel, entweder direkt durch Enterozyten des Epithels oder durch M-Zellen der Peyerschen Plaques. Sie werden dann von Makrophagen aufgenommen, in denen sie z.T. überleben und sich dort vermehren können (Hof 2000). Der Pathogenese liegt eine komplexe Auseinandersetzung zwischen Erreger und Wirt zugrunde. Bekannt sind bei Salmonella mittlerweile fünf chromosomale Pathogenitätsinseln mit ca. 129kb. An der Ausbildung der Symptome der Durchfallerkrankung ist eine Vielzahl von Genen und deren Produkte, wie Adhäsine (fimbriale und nicht-fimbriale), Typ-III-Sekretionssysteme mit zugehörigen Effektorproteinen, Magnesium-Transport-Systeme, cytotoxische und enterotoxische Substanzen betei-ligt (Bart 2005).

Im Gegensatz zur typhösen Salmonellose bleibt die Infektion in der Regel auf den Darm beschränkt, nur bei Risikogruppen (Kleinkindern, älteren Menschen und abwehrgeschwächten Personen) kann es zu einer Generalisation kommen, v.a. bei Kleinkindern kann ein septischer Verlauf auftreten. Bei diesen Personengruppen ist auch die Letalität höher (bis zu 15% für ältere Menschen), die ansonsten auch bei der unbehandelten Infektion sehr niedrig ist. In manchen Fällen können nach einer Infektion weitere Komplikationen wie z.B. reaktive Arthritis, Colitis ulcerosa u.a. auftreten (Ternhag 2008)

Bezüglich der Virulenz verhalten sich die Salmonellen sehr unterschiedlich. Diese Unterschiede liegen allerdings nicht am Vorkommen verschiedener genetischer Merkmale bei verschiedenen Serovaren, sondern beruhen auf unterschiedlicher Expression der (chromosomalen und plasmidkodierten) Gene. Durch genau definierte Expressionsmuster der virulenzassoziierten Effektorproteine wird u.a. die Fähigkeit bestimmt, Wirtsspezies und deren Gewebe zu besiedeln (Werlein 2005, Tschäpe 2005). Da potentiell alle, im Lebensmittel auftretenden Salmonellen als pathogen betrachtet werden müssen, kommt dem Nachweis der Keime im Lebensmittel eine wichtige Bedeutung zu.

Für diesen Nachweis im Lebensmittel (bzw. in menschlichem Untersuchungsmaterial) kommen bakteriologische, serologische und molekularbiologische Untersuchungsverfahren in Frage. Die Diagnostik in Lebensmittelproben kann dadurch erschwert sein, dass durch lokale Vermehrung oder diskontinuierlichen Eintrag die Keime in Nestern vorliegen (Köhler 1980) und dass sie u.U. subletal geschädigt sein können.

Für Deutschland ist der bakteriologische Salmonellen-Nachweis aus Lebens- und Futtermitteln nach §64 LFGB geregelt (Anonymous 2003, Anonymous 2002d). An eine Voranreicherung in gepuffertem Peptonwasser, die dazu dient, dass evtl. subletal geschädigte Salmonellen „wiederbelebt" werden, bzw. sehr geringe Anzahlen von Salmonellen vermehrt werden, schließt sich eine Selektivanreicherung, z.b. in Rappaport- Vassiliadis Medium an. In den Selektiv-nährmedien wird durch spezielle Komponenten (z.b. Thiosulfit, Malachitgrün u.a.) das Wachstum der Begleitflora unterdrückt.

Die Identifizierung des Keims geschieht auf festen Nährmedien (Selektivplatten) und wird nach Subkultivierung von Reinkulturen anhand biochemischer Reaktionen überprüft (z.b. Bunte Reihe), u.U. können auch chromogene Medien verwendet werden (Perry 2007). Anschließend kann die serologische Typisierung der O- und H-Antigene erfolgen und das Ergebnis wird als Antigenformel angegeben. Weitere Möglichkeit zur Differenzierung der Serotypen bieten die Lysotypie (Phagentypisierung) und verschiedene genotypische Methoden, z.B. PFGE, RFLP, RAPD u.a. (Siegrist 1995).

Der kulturelle Nachweis für *Salmonella spp.* kann ca. drei bis fünf Tage dauern und ist mit einem relativ hohen Arbeits- und Materialaufwand verbunden. Daher gibt es seit Jahren immer mehr Bestrebungen, diese Verfahren durch neue, schnellere und ebenso zuverlässige, darunter v.a. molekularbiologische Nachweisverfahren zu ergänzen oder in manchen Fällen zu ersetzen. Im Vordergrund stehen dabei PCR-Methoden (Polymerase Chain Reaction), die auf dem Nachweis spezifischer DNA-Abschnitte des Erregers beruhen. In den letzten zehn Jahren wurden einige unterschiedliche PCR – Methoden (Aabo 1993, Bej 1994, Rahn 1992) und Real-Time PCR-Methoden veröffentlicht (Bohaychuk 2007, Ellingson 2004, Hein 2006, Hoorfar 2000, Malorny 2007a, Malorny 2004, Moore 2007, Notzon 2006, Scheu 1998). Allerdings wurden die meisten davon nur mit wenigen, speziellen Lebensmitteln validiert, wenige wurden anhand einer größeren Bandbreite von Lebensmitteln getestet.

In der vorliegenden Arbeit wurde für den Nachweis mittels Real-Time PCR ein

Fragment aus dem *invA*-Gen herangezogen, die Genprodukte der *inv*-Gene (*invA*, B, C, D) erlauben es *Salmonella* in die Darmepithelzellen einzudringen. Für den raschen Nachweis von *Salmonella* spp. im Lebensmittel und damit die sichere Freigabe salmonellenfreier Lebensmittel bietet die routinemäßige Anwendung von PCR-Verfahren große Vorteile gegenüber herkömmlichen, kulturellen Verfahren (s.a. 1.3).

1.2.2 *Campylobacter jejuni* und *Campylobacter coli*

Campylobacter jejuni und *Campylobacter coli* gelten neben *Salmonella* als häufigste bakterielle Enteritiserreger in Europa und Amerika. Entdeckt wurden sie bereits 1886 von Th. Escherich, waren aber lang in Vergessenheit geraten und erst Jahrzehnte später wurde ihre große Bedeutung als Enteritiserreger erkannt (Kist 1986). Seit dem Jahr 2005 haben die Fallzahlen diejenigen der Salmonella-infektionen eingeholt und teilweise übertroffen (Anonymous 2005c). Von den derzeit beschriebenen 17 Spezies der Bakteriengattung Campylobacter (Kist 2006) werden vor allem die thermophilen Arten *C. jejuni* und *C. coli* mit Erkrankungen des Menschen assoziiert, in seltenen Fällen auch *C. lari, C. upsaliensis* und die nicht themophile Art *C. fetus*. Dabei ist für ca. 70 bis über 80% der auftretenden Infektionen *C. jejuni* verantwortlich (Anonymous 2007c, Anonymous 2007f). Thermophile Campylobacter sind mikroaerophile Keime, die bei 42°C optimal wachsen. Es handelt sich um gram-negative Stäbchen spiral- oder S-förmiger Gestalt, die durch eine lange Geißel sehr beweglich sind. Die hauptsächlichen Erregerreservoire sind zahlreiche warmblütige Tiere (Schwein, Geflügel etc.); bei Vögeln, an deren Körpertemperatur sie mit ihrem Wachstum optimal angepasst sind, findet sich der Erreger sehr häufig als harmloser Darmkommensale (Beutling 1998). Hauptinfektionsquellen bilden unzureichend erhitztes oder (re)kontami-niertes Geflügelfleisch (ca. 40% der Erkrankungsfälle) und daraus hergestellte Erzeugnisse, nicht pasteurisierte Milch, rohes Hackfleisch und kontaminiertes, nicht gechlortes Trinkwasser (Atanassova 1999, Hood 1988, Kramer 2000). Für die Infektionsdosis werden bereits Keimzahlen ab ca. 500-1 000 KBE angegeben (Robinson 1981). Die hohen Fallzahlen werden u.a. mit dem ubiquitären Vorkommen in der Umwelt und in zahlreichen Wirten, durch die hohe Keimzahlen in Umwelt und in Lebensmitteln zustande kommen, und der guten Überlebens-fähigkeit der Keime selbst bei Kühlung, erklärt (Kist 2002).

Eine Infektion manifestiert sich in der Regel nach 2-7 Tagen Inkubationszeit mit den Symptomen einer akuten Enteritis, wässriger und zum Teil blutiger Diarrhoe und Abdominalschmerzen, teilweise mit vorausgehenden Kopfschmerzen, Gliederschmerzen und Fieber. Meist läuft die Erkrankung selbstlimitierend ab, die Symptome verschwinden nach einem Tag bis einer Woche wieder, es können jedoch Rezidive auftreten (Hof 2000).

Der Pathomechanismus ist noch nicht vollständig aufgeklärt. Es wirken verschiedene Virulenzfaktoren zusammen, dabei sind die Flagellen und damit verbunden die Beweglichkeit der Keime von großer Bedeutung. Bislang ist bekannt, dass *C. jejuni* ein hitzestabiles Enterotoxin, ähnlich dem Choleratoxin und ein Cytotoxin produziert. In neueren Studien zeigte sich zudem, dass und auf welche Weise *C. jejuni* in der Lage ist, in Epithelzellen einzudringen und dort zu überleben und daher anhaltend Krankheitssymptome verursachen kann (Watson 2008, Walker 1986, Daikoku 1990). Immer wieder werden postinfektiöse Komplikationen beschrieben, wie z.B. reaktive Arthritis oder das Guillain-Barré-Syndrom, die zwar selten (1-2% der Fälle), aber u.U. gravierend sein können. Beim Guillain-Barré-Syndrom beispielsweise treten durch entzündliche Prozesse im peripheren Nervensystem mitunter schwerwiegende Lähmungserscheinungen auf (McCarthy 2001, Baravelli 2008, Garg 2008).

Der kulturelle Nachweis von thermophilen Campylobactern, entsprechend der derzeitigen ISO-Norm, erfolgt zunächst mit einer Voranreicherung in Bolton-Bouillon (bei 37°C gefolgt von 41,5°C), an die sich eine Selektivanreicherung auf zwei Selektivnährmedien anschließt. Es wird jeweils in mikroaerophiler Atmosphäre bei 41,5°C bebrütet. Die Identifikation der erhaltenen Reinkulturen erfolgt dann anhand biochemischer Verfahren (Anonymous 2006c, Bolton 1992).

In den letzten zwei Jahrzehnten wurden neben anderen Schnellverfahren auch zahlreiche PCR-Verfahren für thermophile Campylobacter veröffentlicht, die teilweise nur *C. jejuni* oder *C. coli* oder beide nachweisen können (Denis 1999, Gonzalez 1997 Hernandez 1995, Linton 1997, Nachamkin 1993, Oyofo 1992, Rasmussen 1996, Van Doorn 1997, Wegmüller 1993). Zunehmend wurden in den letzten Jahren auch Real-Time PCR Methoden zum Nachweis thermophiler Campylobacter publiziert, die die Detektion und Verifizierung des Zielkeims in ein – und demselben Reaktionsschritt ermöglichen (Abu-Halaveh 2005, Best 2003, Iljima 2004, Josefsen 2004a Logan 2001, Lund 2004, Nogva 2000, Sails 2003). In der vorliegenden Arbeit wurde für den parallelen Nachweis von *C. coli* und *C. jejuni* ein Fragment aus dem Flagellin-Gen *flaA* herangezogen, das für die Bakteriengeißel codiert. Im Verlauf des Infektionsprozesses ist die Geißel für die Adhäsion der Bakterien an die Darmepithelzellen essentiell. Das Primersystem basiert dabei auf der Veröffentlichung von Oyofo et al (1992). Die molekularbiologischen Methoden bieten auch hier eine gute Alternative zur kulturellen Diagnostik, da sich anschließend an die Voranreicherung eine Resultat innerhalb weniger Stunden erzielen lässt.

1.2.3 *Listeria monocytogenes*

Die Gattung Listeria (Familie der *Listeriaceae*) umfasst sechs Arten, *Listeria monocytogenes* als humanpathogenen Keim, sowie *L. ivanovii* (tierpathogen, aber kaum humanpathogene Bedeutung) *L. innocua*, *L. seeligeri*, *L. welshimeri* und *L. grayi*. Es handelt sich um gram-positive, durch Flagellen bewegliche, aerobe Stäbchen (fakultativ anaerob), die ubiquitär vertreten sind. Innerhalb der Gattung hat in den vergangenen fünfundzwanzig Jahren *L. monocytogenes* als opportunis-tischer Erreger von Infektionen wie Enteritis, Sepsis und Meningitis Bedeutung erlangt. Zwar verlaufen viele Infektionen von gesunden Erwachsenen symptomlos oder unproblematisch, aber Schwangere, Neugeborene, ältere Menschen oder solche mit geschwächtem Immunsystem sind sehr anfällig für schwere Krankheitsverläufe, bei denen die Letalität 10-30% erreichen kann (u. U. auch bei gezielter Therapie). So erkranken Schwangere bis zu zwanzig mal häufiger an Listeriose mit dem Risiko einer Früh- oder Fehlgeburt (Anonymous 1998a, Williams 2007). Europaweit ist die Anzahl an Fällen in den letzten zehn Jahren beständig gestiegen, wobei es sich aber seit den 90er Jahren mehr um Einzelfälle als um Ausbruchsgeschehen handelt. Auch in Deutschland ist in den letzten Jahren ein Anstieg der Infektionen, vor allem bei über 65jährigen zu beobachten. (Anonymous 2007b, Anonymous 2006d, Hof 2007).

L. monocytogenes kommt weit verbreitet in der Umwelt vor und kann sowohl über tierische Lebensmittel wie Fleisch und Milchprodukte als auch über pflanzliche Lebensmittel z.B. Kohl, Salat, auf den Menschen übertragen werden. Als besonders belastet gelten v.a. Fisch (z.B. Räucherlachs), Rohmilchkäse und in den letzten Jahren vermehrt auch sogenannte verzehrfertige Lebensmittel, z.B. verzehrfertige Fischereiprodukte (Anonymous 2007e, Farber 1991, Lianou 2007).

Die Fähigkeit dieser Keime, sich auch noch bei sehr tiefen Temperaturen zu vermehren (z.B. im Kühlschrank), kann zu einer massiven Vermehrung in kontaminierten Lebensmitteln führen. Die infektiöse Dosis wird auf ca. 10^5-10^9 KbE bei gesunden Personen, für Risikogruppen jedoch deutlich niedriger (10-10^4 KbE) geschätzt. Im Rahmen einer lebensmittelbedingten Infektion können Symptome nach

3-70 Tagen auftreten. Bei immunkompetenten Personen können dies Symptome eines fieberhaften Infektes oder einer Gastroenteritis sein. Handelt es sich um abwehrgeschwächte Personen, so kann es zu Sepsis, Meningitis und Enzephalitis u.a. kommen. In der Schwangerschaft besteht die Gefahr einer Infektion des ungeborenen Kindes, was in einer Frühgeburt, Totgeburt oder Schädigung des Embryos resultieren kann (Vazquez-Boland 2001). Der Erreger hat die Fähigkeit über das Darmepithel ins Blut überzutreten und von dort aus, verschiedenste Organe zu befallen; er kann intrazellulär überleben und sich vermehren. Wichtig für die Pathogenität sind die Gene hly für das Listeriolysin, ein Hämolysin, inlA und inlB für Internalin, die Adhäsion und Invasion vermitteln, mpl für eine Metalloprotease, iap für den Virulenzfaktor P60 sowie Gene für Phospholipasen und das Regulatorgen prfA (Hamon 2006, Ramaswamy 2007). Die Virulenz ist trotz der Kenntnis verschiedener Virulenzfaktoren noch nicht vollständig verstanden und variiert sehr stark bei verschiedenen Stämmen von L. monocytogenes (Kathariou 2002, Liu 2006).

Für den kulturellen Nachweis von *L. monocytogenes* nach der amtlichen Methode wird zunächst eine Anreicherung in einem flüssigen Selektivmedium (Halbfraser-Bouillon) und anschließend eine zweite Anreicherung in einem flüssigen Selektivmedium mit höherer Konzentration an selektiven Agenzien (Fraser-Bouillon) durchgeführt. Die Identifizierung erfolgt auf festen Selektivmedien (z.B. PALCAM und Oxford-Agar, verdächtige Kolonien können mittels Test der Hämolyseeigenschaft und weiterer biochemischer Reaktionen bestätigt werden (Anonymous 1998b).

Für den molekularbiologischen Nachweis von *L. monocytogenes* aus dem Lebensmittel wurden verschiedene, für die Pathogenität bedeutsame DNA-Sequenzen herangezogen. Es wurden zunächst mehrere PCR-Systeme basierend auf dem *hlya*-Gen publiziert (Border 1990, Furrer 1991, Rossen 1991), Sequenzen für die 16srRNA (Wang 1992), das iap-Gen (Bubert 1992), das *mpl*-Gen (Scheu 1992) und andere (Manzano 1996, Pangallo 2001). In den letzten Jahren wurden außerdem verschiedene Real-Time PCR Methoden zum Nachweis von L. monocytogenes entwickelt (Bassler 1995, Hein 2001, Nogva 2000, Norton 1999, Rantsiou 2008, Rossmanith 2006).

1.3 Molekularbiologische Verfahren für den Erregernachweis bei Lebensmittelinfektionen

Da das Lebensmittelangebot heute immer größer und vielfältiger wird, ist eine konsequente, rasche und zuverlässige Überwachung der Lebensmittelproduktion und des Handels notwendig. In der Lebensmitteluntersuchung werden zum Nachweis von mikrobiellen Kontaminationen überwiegend kulturelle und biochemische Verfahren verwendet. Bislang war die kulturelle Anzucht der „Goldstandard" zum Nachweis pathogener Keime in Lebensmitteln, allerdings benötigt diese Analytik in der Regel mindestens ca. 3-5 Tage (Iijima 2004). Daneben werden immer mehr molekularbiologische Nachweise u.a. als schnelle Screeningverfahren etabliert und eingesetzt. Die molekularbiologischen Verfahren können mehrere Vorteile bieten, meist kann die Untersuchungsdauer dadurch stark verkürzt werden. Der Nachweis von Bakterien bzw. ihrer Abwesenheit lässt sich mit der Polymerasekettenreaktion (PCR) zum Teil bereits innerhalb weniger Stunden nach der Voranreicherung führen. Da der molekularbiologische Nachweis auf DNA-Ebene erfolgt, kann als Zielgen ein spezifischer Pathogenitätsfaktor (z.B. Toxine bei EHEC, Oberflächenantigene) gewählt werden und dieser somit gezielt nachgewiesen werden (Maciorowski 2005). Mittels dieser Verfahren können auch zusätzlich zum speziesspezifischen Nachweis eines Pathogenen wertvolle Informationen für die Epidemiologie erlangen. So lassen sich verwandtschaftliche und klonale Beziehungen zwischen menschlichen Isolaten und entsprechenden Lebensmittelisolaten darstellen. Dadurch wird es möglich, Erregerreservoirs aufzudecken und die Verbreitung von Krankheitserregern sowie deren Übertragungswege zu verfolgen. Gerade zur Prävention von Ausbrüchen bzw. zur Erlangung verlässlicher epidemiologischer Daten könnten mittels rasch durchführbarer molekularbiologischer Methoden, eine größere Anzahl an Lebensmittelproben gleichzeitig untersucht werden. Beispielsweise können PCR-Methoden als Schnellverfahren ideal für das Monitoring von *L. monocytogenes* im Lebensmittel und in Lebensmittel verarbeitenden Betrieben eingesetzt werden (Norton 2002). PCR-Methoden ermöglichen nicht nur den Nachweis von Keimen, die angezüchtet werden können, sondern auch von nichtkultivierbaren Stadien, sogenannte „viable but not culturable" Formen. Viele Keime, so auch z.b. *Campylobacter spp.* lassen sich häufig nur langsam oder schlecht kultivieren und sind außerdem phänotypisch schlecht differenzierbar. Hier bieten molekularbiologische Verfahren, mit denen sich *Campylobacter spp.* sensitiv und schnell nachweisen lassen, einen Vorteil (Keramas 2004, Rudi 2004). Manche Keime sind kulturell schwierig zu isolieren, z.b. Yersinia enterocolitica, vor allem dann, wenn in den Proben sehr wenig pathogene Stämme auftreten und gleichzeitig eine hohe Hintergrundflora vorhanden ist. In manchen Fällen ist eine kulturelle Isolierung auch auf Selektivmedien nicht möglich oder sehr zeitaufwendig. Oft wird dabei nur die Isolierung einiger, aber nicht aller pathogenen Serotypen erzielt. In diesem Fall kann der Keim mit DNA-basierten Methoden wie PCR und Koloniehybridisierung schneller und sensitiver nachgewiesen werden (Frederikson-Ahoma 2003).

1.3.1 Polymerasekettenreaktion (qualitative PCR) zum Erregernachweis

Als eine der wichtigsten molekularbiologischen Nachweismethoden ist die qualitative oder konventionelle PCR, die bereits 1985 von Kary Mullis entwickelt wurde (Saiki 1985), zum Nachweis von lebensmittelassoziierten Keimen bereits seit etwa fünfzehn Jahren etabliert. Dabei erfolgt die Vermehrung eines Zielgen-Fragments anhand spezifischer Primer-Oligonucleotide in einer zyklischen Reaktion von wiederholten Phasen der Denaturierung, des Primer annealing und der Strangsynthese mit Hilfe einer Polymerase. Während eines Zyklus wird zunächst die doppelsträngige DNA durch Hitzeeinwirkung (ca. 95°C) in ihre Einzelstränge aufgetrennt. In der folgenden Annealing-Phase lagern sich die spezifischen Primer bei Temperaturen zwischen 37°C und 65°C an ihre passenden Bindungsstellen auf den Einzelsträngen an.

Anschließend erfolgt die Extensionsphase, in der bei ca. 72°C die Stränge ausgehend von den Primern verlängert werden, was durch die Funktion der Taq-Polymerase erfolgt. Die entstandenen Doppelstränge entsprechen dem ursprünglichen Doppelstrang und durch Wiederholen der Zyklen entsteht im Verlauf der Reaktion exponentiell immer mehr von diesem PCR-Produkt. Das entstandene PCR-Produkt (Amplicon) wird mittels Agarosegelelektrophorese analysiert und anhand seiner erwarteten Länge detektiert (McKillip 2004). Dabei erfolgt die Auswertung allerdings nur über die Größe des Produkts, nicht über die Sequenz. Dies kann über nachfolgende Restriktionsanalysen oder Hybridisierung mit sequenzspezifischen DNA-Sonden erfolgen.

1.3.2 Real-Time PCR zum Erregernachweis

Eine Weiterentwicklung der (qualitativen) PCR ist die sogenannte Real-Time PCR. Hierbei wird durch eine sequenzspezifische Sonde das Amplifikationsprodukt bereits während der PCR-Reaktion nachgewiesen und kann auch quantifiziert werden. Zunächst wird wie bei der PCR durch eine enzymatische Reaktion im Verlauf von mehreren Zyklen eine Zielsequenz vervielfältigt. Anders als bei der PCR, bei der eine Endpunkt-Detektion erfolgt, wird die Menge des amplifizierten Produktes dadurch sichtbar gemacht, dass es anhand einer Fluoreszenzmarkierung nachgewiesen wird. Dieser Fluoreszenzfarbstoff emittiert bei Anregung ein Lichtsignal, dessen Intensität im gleichen Maß zunimmt wie die Menge an amplifizierter DNA. Dadurch kann auch die Menge der Target-DNA im Ausgangsmaterial quantifiziert werden. Die Oligonucleotid-Sonde hybridisiert dabei auf der gesuchten Sequenz zwischen Vorwärts- und Rückwärts-Primer.
Eine von Lee et al entwickelte Technik (Lee 1992, Saiki 1985) die Real-Time PCR mit sogenannten TaqMan®-Sonden (hydrolysis probes) nutzt dabei zweifach fluoreszenzmarkierte Sonden in Kombination mit der 5'-3'-Exonuklease-Aktivität der Taq-Polymerase. Bei der Verwendung der TaqMan®-Sonden ist diese mit zwei Fluoreszenzfarbstoffen gekoppelt, einem sogenannten Reporter und einem Quencher-

Farbstoff. Der Reporter-Farbstoff wird durch die Lichtquelle angeregt, es findet jedoch solange keine Fluoreszenz statt, solange sie durch den benachbarten Quencher unterbunden wird. Die 5'-3'-Exonuclease-Aktivität der Taq-Polymerase bewirkt bei der Verlängerung der Primer auf dem DNA-Template-Strang ein Abspalten der Sonde in einzelne Basen, was eine räumliche Trennung von Reporter und Quencher zur Folge hat. Dadurch kann der Reporter-Farbstoff als Fluoreszenzsignal erfasst werden. Da sich die Zahl der abgespaltenen Sonden-Moleküle proportional zum PCR-Produkt mit jedem Zyklus vergrößert, steigt auch die Intensität des gemessenen Fluoreszenzsignals entsprechend (Mühlhardt 2004) (Abb.1).

Bei der Real-Time PCR mit FRET-Sonden werden zwei Sondenmoleküle verwendet, von denen eine mit einem Donor-Farbstoff, die andere mit einem passenden Akzeptor-Farbstoff markiert ist. Hier basiert das Prinzip auf dem so genannten Fluoreszenz-Resonanz-Energie-Transfer (FRET). Erst dann wenn beide Sonden in enger räumlicher Nähe auf dem DNA-Strang gebunden haben, kann vom angeregten Donor-Farbstoff Energie auf den Akzeptor-Farbstoff übertragen werden und die Emission des Akzeptor-Farbstoffs gemessen werden.

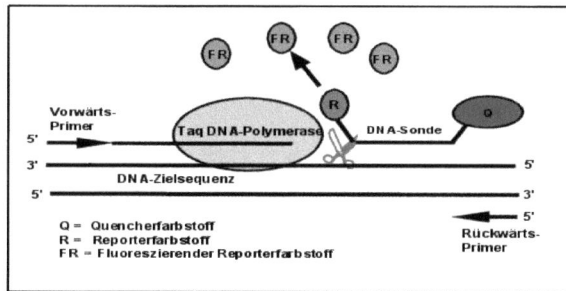

Abb. 1:
Funktionsweise der Taqman-Sonde in der Real-Time-PCR

Wird die Real-Time PCR als Multiplex-PCR durchgeführt, so werden für jeden integrierten Nachweis Sonden mit entsprechend unterschiedlicher Fluoreszenzmarkierung verwendet. Dadurch lassen sich die unterschiedlichen Amplifikate in einem Ansatz parallel detektieren.

Bei der Real-Time PCR erfolgt also eine simultane Amplifikation, Detektion und

Verifizierung der Amplifikate durch die Verwendung sequenzspezifischer Sonden. Das Fluoreszenzsignal wird in Form einer Kurve aufgezeichnet, die ein Abbild für die Entstehung und Menge des PCR-Produkts darstellt. Dadurch erhält man auch Aufschluss darüber, wie hoch die Konzentration der Template-DNA im Ansatz war. Die Anzahl der Zyklen, die benötigt werden, bis das Fluoreszenzsignal einen definierten Schwellenwert überschreitet, wird als C_t -Wert (threshold cycle) bezeichnet. Diese experimentell bestimmte Größe ist dabei proportional zum Logarithmus der DNA-Template-Menge im Reaktionsansatz. Das heißt, aus den C_t -Werten der zu untersuchenden Proben kann über absolute oder relative Quantifizierung die ursprünglich vorhandene DNA-Menge in der Probe ermittelt werden. Vorteilhaft ist Einsatz der Real Time PCR auch unabhängig von der Quantifizierung zum qualitativen Nachweis von Mikroorganismen.

1.3.3 Microarray-Verfahren zum Erregernachweis

Neben der Real-Time PCR wurden in den letzten zehn Jahren sogenannte Microarray-Verfahren zum Nachweis von DNA- bzw. RNA-Sequenzen entwickelt. Dabei werden fluoreszenzmarkierte Biomoleküle (i.d.R. Oligonucleotidsonden) auf festen Trägern, z.B. Glas-Chips, in definierter Anordnung („Array") immobilisiert (Al-Khaldi 2002, Hänel 1999). Auf diesen Microarrays wird nun die Probenlösung aufgebracht und im Fall von positiven Proben findet eine spezifische Hybridisierung von Nucleotid-Strängen aus der Probe mit den komplementären Oligonucleotidsonden auf dem Microarray statt. Die markierten Hybride werden über Fluoreszenzmessung detektiert (s. Abb.2). Bei dem Verfahren handelt es sich um die Kombination einer PCR mit anschließender Hybridisierung der Amplifikate und Visualisierung anhand von Fluoreszenzsignalen. Diese Methoden werden vielfach zur Untersuchung der Genexpression bei Bakterien verwendet, können aber auch eingesetzt werden, um pathogene Keime in verschiedenen Matrices zu diagnostizieren (Wilson 2002). Vorteilhaft daran ist die Möglichkeit, in einer Probe innerhalb kurzer Zeit sowohl mehrere Erreger als auch mehrere Virulenzfaktoren parallel und spezifisch in einem Untersuchungsschritt nachzuweisen (Müffling 2003, Malorny 2003). Nachteilig sind derzeit noch Probleme mit hohen Hintergrundsignalen, Schwankungen bei den Signalstärken sowie hohe Kosten für die einzelne Analyse und die notwendigen Geräte.

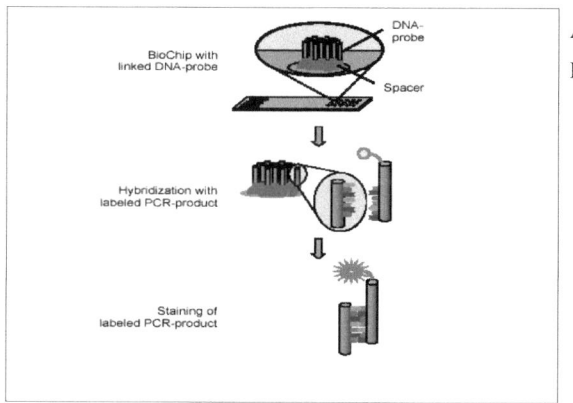

Abb. 2: Prinzip der Hybridisierung auf dem Biochip

1.3.4 Pulsfeldgelelektrophorese (PFGE) als Typisierungsverfahren für Erreger

Als molekularbiologische Methode zur Ermittlung epidemiologischer Daten eignet sich vor allem die sogenannte Pulsfeldgelelektrophorese (PFGE). Diese hoch diskriminierende Methode zum DNA-Fingerprinting gehört zu den molekularen Typisierungsmethoden, mit Hilfe derer zwischen Stämmen der gleichen Spezies differenziert werden kann. Dies ermöglicht beispielsweise, klonale Typen von Salmonellen zu erkennen und Infektionswege zu verfolgen (Wonderling 2003, Werber 2005). Die Technik ist eine Variation der normalen Agarosegel-Elektrophorese, bei der nach einem Restriktionsverdau des gesamten Genoms die DNA-Fragmente als Restriktionsprofil aufgetrennt werden (Siegrist 1995). Die Analyse mit PFGE ist eine komplexe Methode, bietet aber eine hohe Diskriminationsfähigkeit und erlaubt dadurch die Zuordnung bakterieller Isolate zu bestimmten Ausbrüchen. Es lassen sich somit epidemiologische Abläufe, wie

Infektionsketten und die Verknüpfung von Krankheitsfällen mit den verur-sachenden Lebensmittelkontaminationen nachvollziehen (Peters 2003). Beispielsweise konnten damit klonal eng verwandte *Salmonella*-Stämme von Patienten unterschiedlicher Wohnorte verglichen und somit überregionale Ausbrüche erkannt werden (Prager 2003)

Die PFGE stellt eine modifizierte Submarine-Technik dar, es wird mit horizontalen „Submarine"- Gelen gearbeitet, bei denen das Agarosegel direkt im Puffer liegt. Hochmolekulare DNA-Moleküle über 20kb können durch konventionelle Elektrophorese nicht mehr aufgetrennt werden, da sie mit gleicher, limitierender Mobilität wandern. Bei der PFGE wird daher statt des konstanten elektrischen Feldes ein pulsierendes Feld angelegt, das ständig in verschiedene Richtungen wechselt („pulsiert") (Lottspeich 1998). Auf diese Weise müssen die Moleküle wegen der Richtungsänderung des Feldes ihre Orientierung ändern, ihre Helixstruktur wird dabei zuerst gestreckt, bei Änderung des Feldes gestaucht. Die Zeit, die das DNA-Molekül benötigt, um wieder zu relaxieren und sich bei Änderung des Feldes erneut auszurichten ist abhängig von der Molekülgröße. Dadurch bleibt nach Streckung und Umorientierung für größere Moleküle - in der gegebenen Pulsdauer- weniger Zeit für die eigentliche elektrophoretische Wanderung übrig. Die resultierende Mobilität ist abhängig von der Pulsationszeit und man kann so eine Auftrennung nach Molekül-größe bis in die Größenordnung von 10 Megabasen erzielen (Westermeier 1990). Diese molekulare Typisierungsmethode, mit der sich hoch reproduzierbare Restrik-tionsprofile erzielen lassen, ist auf eine Vielzahl von Bakterienspezies anwendbar, und wird u.a. für epidemiologische Untersuchungen von *Salmonella* spp. (Lawson 2004), *Staphylococcus aureus* (Shopsin 2001) und *Campylobacter jejuni* (On 1998) eingesetzt.

1.3.5 Amplifikationskontrollen für die PCR und Real-Time PCR

Für die Anwendung der PCR und Real-Time PCR zum Nachweis von Erregern im Lebensmittel oder im klinischen Material wurde von verschiedenen Autoren der

Einsatz einer Amplifikationskontrolle gefordert, um falsch-negative PCR-Ergebnisse auszuschließen (Anonymous 2002e, Hoorfar 2003, Rosenstraus 1998). In verschiedenen Studien wurde gezeigt, dass in Lebensmittelproben verschiedene Bestandteile vorkommen können, die die PCR teilweise oder ganz inhibieren können. Dabei kann es sich entweder um Bestandteile des Lebensmittels an sich oder des Anreicherungsmediums handeln, wie z.B. Fette, Calciumionen, Glykogen, phenolische Komponenten, Detergenzien, Proteine oder Proteinasen. Diese Inhibitoren können entweder auf die Lyse der Zellen während der DNA-Extraktion, die DNA selbst oder die Aktivität der Polymerase während der Amplifikation einwirken. Auf diese Weise erhöht sich das Risiko für falsch-negative PCR-Ergebnisse (Al-Soud 2000, Powell 1994, Rossen 1992, Wilson 1997). Aus diesem Grund müssen neben der Anwendung eines für die Art der Probe geeigneten DNA-Extraktionsverfahrens und der geeigneten PCR-Reagenzien für jede Analyse Kontrollen durchgeführt werden. Um die einzelnen PCR-Reaktionen auf Inhibition zu prüfen kann entweder eine Kontrollreaktion in einem zweiten Ansatz durchgeführt werden (externe Kontrolle) oder eine parallele Amplifikation im gleichen Reaktionsansatz (interne Kontrolle). Die externe Kontrolle bedeutet dabei allerdings einen Doppelansatz pro untersuchter Probe, da ein Ansatz mit Kontroll-DNA dotiert wird.

Bei der internen Amplifikationskontrolle kann dem Reaktionsgemisch eine heterologe DNA-Sequenz hinzugefügt werden, die auf einer künstlichen oder einer natürlichen Sequenz basiert und die neben der Targetsequenz vervielfältigt wird. Um eine auftretende Inhibition effektiv zu erkennen, muss diese Kontrolle in dem Fall positiv erscheinen, wenn keine Target-DNA in der Probe vorhanden ist, d.h., wenn es sich um ein tatsächlich negatives Ergebnis handelt (Josefsen 2004, Hoorfar 2004). Bei einem positiven Ergebnis für die Amplifkationskontrolle kann davon ausgegangen werden, dass sich in der untersuchten Probe keine relevante Konzentration an PCR inhibierenden Stoffen befindet. Ist die interne Amplifikationskontrolle für die jeweilige Nachweismethode optimal eingestellt, so werden falsch-negative Ergebnisse zuverlässig angezeigt.

Insgesamt gesehen bieten die nukleinsäurebasierte Nachweismethoden vielfältige Einsatzmöglichkeiten für unterschiedliche Lebensmittelmatrices und verschiedene Fragestellungen. Sie ermöglichen schnelle, sensitive und spezifische Ergebnisse. Es lassen sich dadurch auch eng verwandte, morphologisch bzw. biochemisch ähnliche Keime auf der genetischen Ebene differenzieren. Diese Methoden besitzen ein großes Potential für Hochdurchsatz und schnelles Screening und sind dabei sehr zuverlässig, was die hohen Anschaffungskosten für Geräte und Reagenzien wieder wettmacht (Mc Killip 2004). Sie können als Screening-verfahren, dem dann nur im positiven Fall eine kulturelle Bestätigung folgen muss, oder gleichermaßen als Bestätigungsreaktion für einen bereits vorausgegangenen kulturellen Nachweis dienen.

1.4 Aufgabenstellung

Ziel der vorliegenden Arbeit war es, neue, molekularbiologische Verfahren für den Nachweis der lebensmittelhygienisch relevanten Mikroorganismen *Salmonella* spp., *Campylobacter coli* und *Campylobacter jejuni* und *Listeria monocytogenes* zu entwickeln und in der amtlichen Lebensmittelanalytik zu evaluieren. Wie bereits erwähnt bieten vor allem PCR-basierte Nachweismethoden verschiedene Vorteile gegenüber langwierigen kulturellen Methoden. Neben der Zeit- und Arbeitsersparnis zeigen diese Methoden eine der kulturellen Methodik mindestens gleichwertige Zuverlässigkeit und Sensitivität. Für den Nachweis von *Salmonella* spp., *C. jejuni* und *C. coli* sowie *L. monocytogenes* sollten im Rahmen dieser Arbeit bereits publizierte Real-Time PCR Systeme für den Einsatz in der Lebensmittelanalytik untersucht bzw. neue Verfahren entwickelt und validiert werden. Zur Entwicklung von Real-Time PCR Systemen sollten geeignete Genregionen gesucht und dafür spezifische Primer bzw. Sonden ausgewählt werden. Die Spezifität der Systeme galt es, mit einer möglichst großen Anzahl an Target-Organismen und Nicht-Target-Organismen zu überprüfen.

Ein weiteres Ziel war es, für die Anwendung der Real-Time PCR Systeme in der Lebensmittelanalytik eine interne Amplifikationskontrolle zu entwickeln, mit der falsch-negative Ergebnisse, die aufgrund von Inhibition auftreten können, sicher ausgeschlossen werden können. Die Targetsequenz der Amplifikationskontrolle sollte in E. coli kloniert, sequenziert und für die Real-Time PCR als Duplex-System mit den spezifischen Nachweisen etabliert werden.

Molekularbiologische Methoden, die auf dem Einsatz von DNA-Microarrays beruhen, zeigen neue Möglichkeiten der simultanen Diagnostik mehrerer Keime und der Automatisierung auf. Stellvertretend sollte ein System, der NUTRI®-Chip-Kit zum gleichzeitigen Nachweis von *Salmonella* spp., *C. coli* und *C. jejuni* sowie *L. monocytogenes* ausgetestet werden. Die Möglichkeit der Typisierung von Isolaten aus Lebensmitteln mit molekularbiologischen Methoden sollte anhand der Pulsfeldgelelektrophorese (PFGE) erprobt werden.

Essentiell für den Einsatz molekularbiologischer Methoden in der Routineanalytik der Lebensmittelüberwachung ist eine umfassende Validierung der etablierten Methoden, auch im Vergleich zu der kulturellen Referenzmethode. Die einzelnen Nachweismethoden sollten dazu anhand möglichst vieler realer Proben, die ein möglichst breites Spektrum an Lebensmittelkategorien umfassen, auf ihre Eignung getestet werden. Darüber hinaus stellte sich die Aufgabe, die neu entwickelten PCR-Systeme anhand artifiziell kontaminierter Lebensmittelproben auf ihre Sensitivität im Vergleich zur kulturellen Methode zu überprüfen.

2 Material und Methoden

2.1 Kultivierung von Bakterien

2.1.1 Feste und flüssige Nährmedien

Alle flüssigen Nährmedien wurden vor Verwendung bei 121°C für 15 min autoklaviert oder wurden als sterile Nährmedien bezogen.

Für die Anreicherung von *Salmonella* spp. wurde gepuffertes Peptonwasser verwendet, bzw. Rappaport Vassiliadis Anreicherungsbouillon, für *C. coli* bzw. *C. jejuni* wurde Preston Bouillon verwendet und für *L. monocytogenes* Fraser Bouillon bzw. Fraser Bouillon halbkonzentriert (detaillierte Zusammensetzung s. Anhang, 6.3).

Bei der Durchführung der Dotierungsversuche wurden für die Ermittlung der Koloniezahl feste Nährmedien verwendet. Für *Salmonella* spp. wurde Plate Count Agar, für *C. coli* bzw. *C.jejuni* wurde Campylobacter Selective Agar nach Butzler (CB) und CCDA-Agar (Campylobacter-Agarbasis, blutfrei) eingesetzt (Detaillierte Zusammensetzung s. Anhang, 6.3).

2.1.2 Anzucht von Referenzstämmen

Für die Anzucht von Referenz-Stämmen zur Isolierung von Referenz-DNA aus Bakterien wurden sterile 10 ml Kunststoffröhrchen mit ca. 5 ml des entsprechen-den Flüssigmediums befüllt und mit entsprechenden Referenzstämmen (s.u.) beimpft. Nach Kultivierung der Bakterien über Nacht bei 37°C für *Salmonella* spp. und *L. monocytogenes* bzw. 42°C für thermotolerante Campylobacter wurde DNA aus 1ml der Suspension mit der CTAB-Methode bzw. dem Qiagen-DNeasy-Kit isoliert.

Verwendete Referenzstämme:

Salmonella spp.	S. Typhimurium ATCC 14028; S. Typhimurium Stamm C, Gruppe B (LGL, München, Lebensmittelisolat)
Campylobacter coli	*C. coli* DSM 4688
Campylobacter jejuni	*C. jejuni* DSM 4689
Listeria monocytogenes	*L. monocytogenes* DSM 20600 (ATCC 15313)

2.2 Methoden zum kulturellen Nachweis von Bakterien

Kulturelle Verfahren zum Nachweis von Bakterien wurden nach den entsprechenden Methoden des §64 LFGB bzw. den entsprechenden ISO-Methoden durchgeführt.

***Salmonella* spp.**: EN ISO 6579:2002: Microbiology of food and animal feeding stuffs-horizontal method for the detection of Salmonella, ISO, Geneva; bzw. §64 LFGB Zf. 00.00-20 „Untersuchung von Lebensmitteln - Horizontales Verfahren für den Nachweis von Salmonellen" (Anonymous 2002d, Anonymous 2003a)

C. coli* und *C. jejuni: ISO 10272:1995 (E) 1995-10-15: „Microbiology of food and animal feeding stuffs-horizontal method for detection of thermotolerant Campylobacter", ISO, Geneva, bzw. ISO 10272-1:2006: Microbiology of food and animal feeding stuff- Horizontal method for detection and enumeration of Campylobacter spp. Part 1: Detection method, ISO, Geneva (Anonymous 1995, Anonymous 2006c).

L. monocytogenes: §64 LFGB Zf. 00.00-32 „Horizontales Verfahren für den Nachweis und die Zählung von Listeria monocytogenes; Teil 1: Nachweisverfahren" (Anonymous 1998b, Anonymous 2002h)

2.3 Artifizielle Kontamination von Lebensmitteln mit Bakterien (Dotierungsexperimente)

2.3.1 *Salmonella* Typhimurium

Für die Kontamination von Lebensmittelproben mit definierten Mengen an Bakterien wurde ein *Salmonella Typhimurium* Stamm (Gruppe B, LGL Stammsammlung) in gepuffertem Peptonwasser bei 37°C für 18 h kultiviert und eine Dezimal-Verdünnungsreihe in NaCl-Lösung (0,85%) hergestellt. Die Koloniezahlen wurden mit dem Plattenverfahren (Bast 2001) auf Plate count Agar ermittelt. Dazu wurden die koloniebildenden Einheiten (KBE bzw. colony-forming units = cfu) jener Platten ausgezählt, auf denen die Anzahl an koloniebildenden Einheiten ca. 30- 300 betrug und das Zählergebnis von zwei Verdünnungsstufen mit dem gewogenen Mittelwert berechnet (Bast 2001). Auf diese Weise wurde eine für die Dotierung geeignete Verdünnungsstufe ermittelt, in NaCl-Lösung (0,85 %) aufgenommen und eingesetzt, um die Lebensmittelproben zu inokulieren. Für jedes Lebensmittel wurde eine Probe von 25 g mit 225 ml gepuffertem Peptonwasser gemischt und mit dem Inokulum von je 5 und 10 cfu (errechnet) versetzt. Anschließend wurde jede Probe mit dem kulturellen Verfahren nach der Standardmethode ISO (Anonymous 2003) und mit der Real-Time PCR analysiert. Zusätzlich wurden zwei Negativkontrollen (Inokulum 0 cfu/ 25 g Lebensmittel) für jedes Lebensmittel mitgeführt. Alle Lebensmittel wurden vor der Dotierung auf eine natürliche Kontamination mit *Salmonella* spp. überprüft. Die Gesamtkeimzahl mesophiler aerober Keime wurde für alle Proben durch Ausplattieren auf Blutagar nach 18 h Anreicherung bestimmt.

Die tatsächliche Keimzahl des Inokulums wurde dann anhand von Ausplattieren der verwendeten Verdünnungsstufen und Ermitteln der Koloniezahlen mit dem Plattenverfahren (s.o.) bestimmt.

2.3.2 *Campylobacter jejuni*

Für die künstliche Kontamination von Lebensmitteln mit *C. jejuni*, wurde zunächst der Referenzstamm (DSM-Stamm 4688) in Preston Bouillon unter mikroaerophilen

Bedingungen für 48h bei 42°C vermehrt. Diese Kultur wurde in NaCl-Lösung (0,85%) als Puffer verdünnt und eine Dezimal-Verdünnungsreihe hergestellt. Die Koloniezahlen wurden mit dem Plattenverfahren (Bast 2001) auf Selektivmedien (CCDA und CB-Agar) ermittelt. Dazu wurden die koloniebildenden Einheiten (KBE = cfu) jener Platten ausgezählt, auf denen die Anzahl an koloniebildenden Einheiten ca. 30- 300 betrug und das Zählergebnis von zwei Verdünnungsstufen mit dem gewogenen Mittelwert berechnet (Bast 2001). Auf diese Weise wurde eine für die Dotierung geeignete Verdünnungsstufe ermittelt, in NaCl-Lösung (0,85 %) aufgenommen und eingesetzt, um die Lebensmittelproben zu inokulieren. Als geeignete Konzentrationen wurde 1 cfu, 5 cfu und 10 cfu pro 25 g gewählt. Zur Dotierung werden je 25 g Lebensmittel mit der zehnfachen Menge an Flüssigmedium versetzt, mit den ermittelten Verdünnungsstufen inokuliert und 1min gestomachert. Die Inkubation erfolgt unter mikroaerophilen Bedingungen für 48 h bei 42°C.

Anschließend wurde jede Probe mit dem kulturellen Verfahren nach der Standardmethode (Anonymous 1995, Anonymous 2006c) und mit der Real-Time PCR analysiert. Zusätzlich wurde eine Negativkontrolle (Inokulum 0 cfu/ 25 g Lebensmittel) für jedes Lebensmittel mitgeführt. Vor Dotierung der Lebensmittelproben werden diese kulturell auf Abwesenheit von *C. jejuni* über-prüft. Während dieser Zeit werden die Lebensmittelproben 3 Tage bei 4°C aufbewahrt. Die Höhe der Hintergrundflora wird mit der Methode der Gesamtkeimzählung bestimmt. Die tatsächliche Keimzahl des Inokulums wurde dann anhand von Ausplattieren der verwendeten Verdünnungsstufen und Ermitteln der Koloniezahlen mit dem Plattenverfahren (s.o.) bestimmt.

2.4 DNA-Extraktion
2.4.1 CTAB-Methode

Mit dieser Methode lässt sich genomische DNA von Bakterien aus der Anreicherungskultur von Lebensmittelproben isolieren. Bei jeder Serie wurde ein

Extraktionsleerwert mitgeführt. Jeweils 1 ml der Voranreicherungskultur wurde abgenommen und in 2 ml-Eppendorfgefäße überführt. Diese Suspension wurde bei 5000 g (ca. 12 500 rpm), 5 min, RT abzentrifugiert. Das erhaltene Bakterienpellet wurde mit 1 ml CTAB durch Auf- und Abpipettieren mit der Pipette gelöst, durch Vortexen gemischt und nach Zugabe von 25 µl Lysozymlösung (20 mg/ ml) und 10µl RNase A (100 mg/ ml; bzw. 50 µl RNase A 20 mg/ ml) nochmals auf dem Vortexer gemischt. Nach einer Inkubation für mindestens 60 min bei 37°C im Heizblock (leicht geschüttelt) sollte die Lösung klar sein und etwas gelartig fließen. Es wurde ggf. 20 µl 10%ige SDS-Lösung hinzugefügt, 25 µl Proteinase K (20 mg/ ml) zugegeben, durch Vortexen gemischt und noch mal mindestens 30 min bei 65°C im Heizblock inkubiert (leicht geschüttelt). Anschließend wurde 1 Volumenteil Chloroform zugegeben, 1 min gevortext und 15 min bei 10 000 g (ca. 14 000 rpm) zentrifugiert (RT). Wenn die Interphase noch sehr groß war, wurde der Überstand abgenommen, in neues Gefäß überführt, wiederum 1 Volumenteil Chloroform zugegeben und der letzten Schritt wiederholt (wenn die Interphase gelartig, diffus ausfiel, wurde noch mal 15 min bei 10 000 g zentrifugiert, bei RT). Danach wurde der Überstand vorsichtig abgenommen und in neues Eppendorfgefäß überführt, die Chloroform-Phase wurde verworfen. Der Überstand wurde mit 1 Volumenteil Isopropanol gemischt und geschüttelt, dann erfolgte eine Fällung für mindestens 30 min bei -20°C. Danach wurde bei 5°C für 15 min bei ca. 10 000 g (ca. 12 500 rpm) zentrifugiert, der Überstand verworfen und 200 µl Ethanol (70%) auf das DNA-Pellet (Pellet muss nicht unbedingt sichtbar sein) gegeben. Es wurde gevortext und bei RT für 5 min bei ca. 10 000 g (ca. 12 500 rpm) zentrifugiert. Der Überstand wurde vollständig abgenommen und verworfen, das Pellet im Heizblock, bei ca. 60°C bei offenem Deckel getrocknet. Das trockene Pellet wurde in 100 µl 0,2 x TE (steril) aufgenommen und bei -20°C lagern (wurde die PCR direkt im Anschluss durchgeführt, so wurde es im Kühlschrank gelagert). Falls notwendig konnte die erhaltene DNA mittels Microspin Säulchen (MicroSpin illustra™, Fa. GE Healthcare, München) weiter aufgereinigt werden. Dazu wurde ein Microspin Säulchen in ein

Auffanggefäß gestellt und 1 min bei 735 g vor-zentrifugiert. Anschließend wurde das Säulchen auf in ein neues Eppendorfgefäß gestellt und die Probe langsam auf das Säulchen gegeben. Dieses wurde nun 2 min bei 735 g zentrifugiert, anschließend konnte das Säulchen verworfen werden und die gereinigte DNA-Probe weiter verwertet werden.

2.4.2 Qiagen DNeasy Tissue Kit zur DNA-Extraktion

Der Qiagen DNeasy Tissue Kit (Qiagen, Hilden) wurde zur Gewinnung von DNA aus Reinkulturen und aus Lebensmittelanreicherungen verwendet.

DNA-Isolierung von Gram-negativen Bakterien

Bei jeder Serie wurde ein Extraktionsleerwert als Negativkontrolle mitgeführt. Zunächst wurde 1 ml der Voranreicherungskultur (bzw. Anreicherungskultur oder Pufferlösung mit abgeschwemmten Zellen) 10 min bei 5000 g (ca. 7500 rpm) zentrifugiert. Der Überstand wurde verworfen und das Pellet in 180 µl Puffer ATL resuspendiert und durch Vortexen gemischt. Dann wurden 20 µl Proteinase K zugegeben, gevortext und die Lösung unter Schütteln bei 55°C für 1-3 h (oder über Nacht) inkubiert. Danach wurden 4 µl RNaseA (100 mg/ ml) zugeben, durch Vortexen gemischt, 2 min bei Raumtemperatur inkubiert und nochmals gemischt. Anschließend wurden 200 µl Puffer AL zugegeben, sofort gut gemischt (mit Pipette oder Vortexer) und 10 min bei 70°C inkubiert. Zu dieser Lösung wurden dann 200 µl Ethanol (96-100 %) zugegeben und gut gemischt (Vortexer). Das gesamte Gemisch wurde auf ein DNeasy-spin-column (auf ein 2 ml Auffanggefäß gesteckt) gegeben und 1 min bei 6 000 g (ca. 8 000 rpm) zentrifugiert. Der Durchfluss und Auffanggefäß wurden verworfen und die Säule auf neues Auffanggefäß (mitgeliefert) gesteckt. Nach Zugabe von 500 µl Puffer AW1 wurde 1 min bei 6 000 g (ca. 8 000 rpm) zentrifugiert und wiederum der Durchfluss verworfen. Dieser Waschvorgang wurde mit 500 µl AW2 wiederholt und es wurde dann 3 min bei voller Geschwindigkeit (13 000 rpm) zentrifugiert. Der Durchfluss wurde verworfen und die Säule auf 1,5 ml Eppendorfgefäß aufgesetzt. 100 µl Puffer AE wurden direkt auf die DNeasy-Membran gegeben und das Ganze für 1 min bei Raumtemperatur inkubiert. Dann wurde 1 min bei 6 000 g (ca. 8 000 rpm) zentrifugiert, die Säule verworfen, und das Eppendorfgefäß mit dem erhaltenen DNA-Eluat gekühlt aufbewahrt (bei 4°C, wenn direkt danach Einsatz in PCR erfolgt, bei -20°C für längere Aufbewahrung).

DNA-Isolierung von Gram-positiven Bakterien

Bei jeder Serie wurde ein Extraktionsleerwert als Negativkontrolle mitgeführt. 1 ml der Voranreicherungskultur (bzw. Anreicherungskultur oder Pufferlösung mit abgeschwemmten Zellen) wurden 10 min bei 5 000 g (ca. 7 500 rpm) zentrifugiert. Der Überstand wurde verworfen und das Pellet in 180 µl enzymatischem Lysepuffer (20 mM Tris Cl, pH 8,0, 2 mM EDTA, 1,2 % Triton X-100, autoklaviert; vor Gebrauch Zugabe von 20 mg/ ml Lysozym) resuspendiert. Die Sus-pension wurde mindestens 30 min bei 37°C (unter Schütteln) inkubiert. Anschließend wurden 25 µl Proteinase K und 200 µl Puffer AL zugegeben (Beachte: Proteinase K darf nicht direkt zu Puffer AL gegeben werden), durch Vortexen gemischt und 30 min bei 70°C inkubiert (optional: falls notwendig wurde 15 min bei 95°C zur Inaktivierung von Pathogenen inkubiert. Inkubation bei 95°C kann allerdings zum Abbau eines Teils der DNA führen). Dann wurden 200 µl Ethanol (96-100 %) zugegeben und gut gemischt (Vortexer). Das Gemisch wurde auf ein DNeasy-spin-column (auf 2 ml Auffanggefäß gesteckt) geben und 1 min bei 6 000 g (ca. 8 000 rpm) zentrifugiert. Der Durchfluss und das Auffanggefäß wurden verworfen, die Säule auf neues Auffanggefäß gesteckt und 500 µl Puffer AW1 zugegeben. Das Ganze wurde 1 min bei 6 000 g (ca. 8 000 rpm) zentrifugiert. Der Durchfluss wurde verworfen und der Waschvorgang mit 500 µl AW2 wiederholt, anschließend 3 min bei voller Geschwindigkeit (13000 rpm) zentrifugiert und der Durchfluss wiederum verworfen. Die Säule wurde nun auf 1,5ml-Eppendorfgefäß gesetzt, 100 µl Puffer AE direkt auf DNeasy-Membran geben und 1 min bei Raumtemperatur inkubiert. Es wurde 1 min bei 6 000 g (ca. 8000 rpm) zentrifugiert, die Säule verworfen und das Eppendorfgefäß mit dem erhaltenen DNA-Eluat gekühlt aufbewahrt (bei 4°C, wenn direkt danach Einsatz in PCR erfolgt, bei -20°C für längere Aufbewahrung).

2.4.3 High Pure foodproof II Kit (Roche Diagnostics)

Zur Extraktion bakterieller DNA aus Anreicherungskulturen von Lebensmitteln mit dem High Pure foodproof II Kit (Roche Diagnostics) wurde je 1 ml Anreicherungskultur bei 8000 g für 5 min abzentrifugiert (Raumtemperatur). Anschließend wurde der Überstand verworfen und das erhaltene Pellet in 200 µl High Pure foodproof II Lysepuffer resuspendiert. Nach Zugabe von 10 µl High Pure foodproof II Lysozym-Arbeitslösung und vorsichtigem Mischen, wurde das Gemisch 10 min bei 37°C inkubiert. Dann wurden 200 µl HighPure foodproof II Binding Puffer und 40 µl High Pure foodproof II Proteinase K Arbeitslösung zupipettiert und vorsichtig durch Auf- und Abpipettieren gemischt. Nach einer Inkubation von 10 min bei 72°C wurden 100 µl Isopropanol hinzugefügt und das Ganze gut gemischt. Nun wurde 15 s lang bei 12 000 g pipettiert und anschließend der gesamte Überstand von ca. 550 µl in das obere Reservoir eines High Pure Filtergefäßes gegeben, das zuvor mit einem Sammelgefäß zusammengefügt wurde. Nach einem Zentrifugationsschritt von 1 min bei 5 000 g wurde der Durchfluss verworfen und 450 µl HighPure foodproof II Waschpuffer auf das obere Reservoir gegeben und 1 min bei 5 000 g zentrifugiert. Dieser Waschschritt wurde wieder-holt und nach der Zentrifugation der Durchfluss verworfen. Um restlichen Wasch-puffer zu entfernen wurde 10 s lang bei maximaler Geschwindigkeit zentrifugiert und dann das Filtergefäß auf ein neues 1,5 ml Eppendorfgefäß aufgesetzt. Es wurden dann 50 µl auf 70°C vorgewärmter High Pure foodproof II Elutionspuffer auf den Filter gegeben und 1-2 min bei 15-25°C inkubiert. Nach einem Zentrifugationsschritt von 1 min bei 5 000 g wurde der Filter verworfen und das Eppendorfgefäß mit dem erhaltenen DNA-Eluat gekühlt aufbewahrt (bei 4°C, wenn direkt danach Einsatz in PCR erfolgt, bei -20°C für längere Aufbewahrung).

2.4.4 DNA-Präparation durch thermische Lyse

<u>Von Anreicherungskulturen oder Voranreicherungen</u>

Bei jeder Serie wurde ein Extraktionsleerwert als Negativkontrolle mitgeführt. Die Aufbereitung erfolgte als Doppelansatz. 1 ml Voranreicherung wurden bei 13 000g 5 min zentrifugiert, der Überstand wurde verworfen und das Pellet in 1 ml steriler NaCl-Lösung (0,9 %) resuspendiert. Dann wurde nochmals bei 13 000 g 5 min zentrifugiert und der Überstand wiederum verworfen. Das Pellet wurde dann in 200 µl sterilem Aq. bidest. resuspendiert und 10 min bei 95°C im Heizblock erhitzt. Anschließend wurde die Probe für 30 s bei 13 000 g abzentrifugiert. 5 µl des Überstandes wurden direkt in die PCR eingesetzt. Wurde die PCR nicht direkt im Anschluss durchgeführt, so wurden 100 µl des Überstandes in ein neues Eppendorfgefäß überführt und bis zum Einsatz in der PCR bei 4°C aufbewahrt.

<u>Von Reinkulturen auf festen Nährmedien</u>

Die bewachsene Agarplatte wurde mit 1 ml steriler NaCl-Lösung abgeschwemmt und die NaCl-Lösung mit den abgeschwemmten Zellen in ein Eppendorfgefäß überführt. Die Suspension wurde 10 min bei 95°C im Heizblock erhitzt und anschließend für 30 s bei 13 000 g abzentrifugiert. 5 µl des Überstandes wurden direkt in die PCR eingesetzt. Wurde die PCR nicht direkt im Anschluss durchgeführt, so wurden 100 µl des Überstandes in neues Eppendorfgefäß überführt und bis zum Einsatz in die PCR bei 4°C aufbewahrt.

2.5 Agarosegelelektrophorese zur Auftrennung von Nukleinsäuren

Zur Auftrennung von PCR-Fragmenten, DNA-Extraktionen und Plasmiden wurden 1-2,5 %ige Agarosegele verwendet und die Elektrophorese mit dem System der Fa. Biometra durchgeführt. Dazu wurde die Agarose (Roche Diagnostics bzw. Serva) in

1 x TBE Puffer eingewogen, die Mischung aufgekocht und unter Rühren ab-gekühlt. Nach Zusatz der Ethidiumbromidlösung 1mg/ml (3 µl für „Agagel Mini", 8 µl für „Maxi") wurde die Gellösung in die vorbereitete Kammer gegossen und erhärten gelassen. Von den Proben wurden zum Auftragen je 10 µl mit je 2 - 3 µl Loading buffer versetzt und in die Geltaschen pipettiert. Als Längenstandard wurde ein DNA-Marker, z.B. 50 oder 100 base pair ladder (z.B. lambda-DNA-Digest, Pharmacia) mitgeführt. Die Elektrophorese erfolgte mit 1 x TBE als Lauf-puffer bei 5 - 10 V/ cm, für ca. 45 - 60 min bei 75 V („Agagel Mini") bzw. bei 95 V („Maxi"). Anschließend wurden die Nukleinsäuren auf einem UV-Transilluminator (Biometra) sichtbar gemacht und ausgewertet und mit einer Digitalkamera dokumentiert.

2.6 Photometrische Bestimmung der DNA-Konzentration

Die Konzentration extrahierter DNA-Lösungen wurde über die Messung der optischen Dichte (OD) mit dem „Biophotometer" (Eppendorf) bestimmt. Dazu wurde die DNA-Lösung bei 260 nm und 280 nm im Photometer gemessen und aus diesen Werten die DNA-Konzentration in der Lösung automatisch errechnet (Bei 320 nm erfolgt die Hintergrundkompensation). Dabei galt, dass (bei einer Schichtdicke der Küvette von 1cm) die OD_{260} von 1 einer Konzentration von 50ng/µl dsDNA entsprach. Der Quotient der Messwerte bei 260 nm und 280 nm erlaubte die Abschätzung der Reinheit der DNA, (reine DNA-Lösungen zeigten Werte von 1,8-2,0).

2.7 Kriterien und Vorgehensweise für Primer- und Sonden-Design für die PCR und Real-Time PCR

Folgende käufliche und im Internet frei verfügbare Software wurde für Sequenzvergleiche und Primer/ Sonden-Design genutzt (Tab. 2):

Tab. 2: Datenbanken und Software für das Design von Primern und Sonden für die PCR:

Programm	Hersteller / Internetadresse
Datenbank zur Sequenzrecherche	
GenBank	http://www.ncbi.nlm.nih.gov/
BLAST search	http://www.ncbi.nlm.nih.gov/BLAST/
Alignments/ Sequenzvergleiche	
Megalign/Primer Select	DNAstar Inc
Clustalw	http://www.ebi.ac.uk/clustalw/
Tcoffee	http://igs-server.cnrs-mrs.fr/Tcoffee/tcoffee_cgi/index.cgi
Primer / Tm-Kalkulation / Dimer- und Loopbildung	
Primer-Express v 2.0	ABI Perkin Elmer
Primer Select	DNAstar Inc
Netprimer *	http://www.premierbiosoft.com/netprimer/netprlaunch/netprlaunch.html
Primer 3 *	http://frodo.wi.mit.edu/cgi-bin/primer3/primer3_www.cgi
Oligo 2002 *	http://www.bioinformatics.vg/bioinformatics_tools/oligo2002.shtml
Auswahl von Primer- /Sondensystemen	
Primer-Express v 2.0	ABI Perkin Elmer
Primer Select	DNAstar Inc

* sind über die Linksammlung www.bioinformatics.vg auffindbar

Um Primerkombinationen zu erzielen, die für den gewünschten Targetorganismus spezifisch sind, wurden DNA-Sequenzen des verwendeten Genabschnittes in einem Alignment zusammengefasst und anhand dieser Daten Primerkombinationen entworfen.

Das Primer-Design orientierte sich dabei an folgenden Kriterien:

- gewählte Primer sollten keine bzw. möglichst wenig selbst- oder paarweise komplementären Sequenzen enthalten (hairpins, self-dimers, hetero-dimers)
- es sollten in der Nähe der Targetsequenz keine weiteren Primer-Bindungsstellen vorkommen
- in der Regel sollte die Länge eines Primers zwischen ca. 18 und 24 Basen und der GC-Gehalt zwischen 45 % und 55 % betragen
- die Schmelztemperatur Tm des forward- und des reverse-Primers sollte ähnlich hoch sein und möglichst zwischen 55 und 60°C betragen
- Lange PolyA,-T,-G, oder -C Sequenzabschnitte sind zu vermeiden
- Um die Parameter der Primersequenzen zu kalkulieren wurden die oben genannte Software verwendet.

Das Primer- und Sonden-Design für die Real Time PCR (TaqMan probes) orientierte sich an folgenden Kriterien:

- der GC-Gehalt sollte zwischen 30% und 80% liegen
- Anhäufungen von Wiederholungen des gleichen Nucleotids (v.a. Guanin) wurden vermieden
- es durfte kein G am 5'-Ende sitzen
- die letzten 5 Nucleotide am 3'-Ende der Primer durften nicht mehr als 2 G oder C enthalten
- Sonden und Primer sollten mehr C als G enthalten
- die Schmelztemperatur Tm sollte bei Sonden bei ca. 68-70°C, bei Primern bei ca. 58-60°C liegen

- der Abstand der Primer zur Sonde sollte möglichst gering gewählt werden (nicht über 50 Basen, aber ohne zu überlappen)

Die gewählten Primer- und die Sondensequenzen wurden einer Sequenzsuche mit dem BLAST-Programm (http://www.ncbi.nlm.nih.gov/BLAST/) unterworfen, um sie auf ihre theoretische Spezifität zu prüfen.

2.8 Qualitative PCR-Nachweisverfahren

2.8.1 Nachweis von *Salmonella* spp. mit PCR

Für den Nachweis von *Salmonella* spp. mit der PCR wurde als Positivkontrolle DNA-Referenzmaterial von S. Typhimurium ATCC 14028 verwendet. Bei allen PCR-Ansätzen wurden Positivkontrollen, Extraktionskontrollen und Reagenzienleerwert (als Negativkontrollen) mitgeführt.

Primer für den Nachweis von *Salmonella* spp.: (Rahn 1992)

Sal-139 fw 5´- gTg AAA TTA TCg CCA CgT TCg ggC AA - 3´
Sal-141 re 5´- TCA TCg CAC CgT CAA Agg AAC C – 3´

Das Produkt aus diesen Primern ist **284 bp** groß.

Reaktionsansatz (25 µl):

Komponente	Volumen [in µl pro Ansatz]
Aq. bidest. (steril)	2,5
Sal-139 fw (5 pmol/ µl)	2,5
Sal-141 re (5 pmol/ µl)	2,5
Universal Master-Mix (2 x; z.B.HotStarTaq Mastermix; Qiagen)	12,5
Proben-DNA	5,0
	25,0

Temperaturprogramm

Teilprogramm	Zeit	Temperatur [°C]	Zyklenzahl
Initiale Denaturierung	15 min	95	
Denaturierung	30 s	95	40 Zyklen
Annealing	45 s	57	
Extension	30 s	72	
	5 min	72	

Auswertung

Die Auswertung erfolgte über Agarosegelelektrophorese. Die Probe enthielt Salmonellen-DNA, wenn ein PCR-Produkt mit Fragmentlänge 284 bp im Gel erkennbar war. Die Reaktion war nur auswertbar, wenn Positiv- und Negativkontrollen die erwartete Reaktion zeigten.

2.8.2 Nachweis von *Campylobacter jejuni* und *Campylobacter coli* mit PCR

Für den Nachweis von *C. jejuni und C. coli*. mit der PCR wurde als Positiv-kontrolle DNA-Referenzmaterial von *C. jejuni* DSM 4688 und *C. coli* DSM 4689 verwendet. Bei allen PCR-Ansätzen wurden Positivkontrollen, Extraktionskontrollen und Reagenzienleerwert (als Negativkontrollen) mitgeführt.

Primer für den Nachweis von *C. jejuni und C. coli*.:

flaA AW 50 fw   5´- ATg ggA TTT CgT ATT AAC AC - 3´
flaA AW 5 re   5´- gAT ATA gCT TgA CCT AAA gTA - 3´

Das Produkt aus diesen Primern ist **197 bp** groß.

Reaktionsansatz (25 µl):

Komponente	Volumen [in µl pro Ansatz]
Aq. bidest. (steril)	2,5
flaA AW50 fw (5 pmol/ µl)	2,5
flaA AW 5 re (5 pmol/ µl)	2,5
Universal Master-Mix (2 x; z.B. HotStarTaq Mastermix; Qiagen)	12,5
Proben-DNA	5,0
	25,0

Temperaturprogramm

Teilprogramm	Zeit	Temperatur [°C]	Zyklenzahl
Initiale Denaturierung	15 min	95	
Denaturierung	30 s	95	40 Zyklen
Annealing	45 s	60	
Extension	30 s	72	
	5 min	72	

Auswertung

Die Auswertung erfolgte über Agarosegelelektrophorese. Die Probe enthielt DNA von *C. jejuni* oder *C. coli*, wenn ein PCR-Produkt mit Fragmentlänge 197 bp im Gel erkennbar war. Die Reaktion war nur auswertbar, wenn Positiv- und Negativkontrollen die erwartete Reaktion zeigten.

2.8.3 Nachweis von *Listeria monocytogenes* mit PCR

Für den Nachweis von *L. monocytogenes* mit der PCR wurde als Positivkontrolle DNA-Referenzmaterial von *L. monocytogenes* DSM 20600 bzw. ATCC 15313 verwendet. Bei allen PCR-Ansätzen wurden Positivkontrollen, Extraktionskontrollen und Reagenzienleerwert (als Negativkontrollen) mitgeführt.

Primer für den Nachweis von *L monocytogenes* :

LM1 (Furrer, 1991)   5´- gAA AAA gCA TTT gAA gCC AT - 3´
LM2 (Furrer 1991)   5´- gCA ACT TCC ggC TCA gC - 3´

L01 (Scheu 1999)   5´- Cgg Agg TTC CgC AAA AgA Tg - 3´
L04 (Scheu 1999)   5´- CCT CCA gAg TgA TCg Atg TT - 3´

Das Produkt aus dem Primerpaar LM1-LM2 ist **149 bp** groß, das Produkt aus dem Primerpaar L01-L04 ist **234 bp** groß.

Reaktionsansatz (25 µl):

Komponente	Volumen [in µl pro Ansatz]
Aq. bidest. (steril)	2,5
L01 bzw. LM1 (5 pmol/µl)	2,5
L04 bzw. LM2 (5 pmol/µl)	2,5
Universal Master-Mix (2 x; z.B.HotStarTaq Mastermix; Qiagen)	12,5
Proben-DNA	5,0
	25,0

Temperaturprogramm

Teilprogramm	Zeit	Temperatur [°C]	Zyklenzahl
Initiale Denaturierung	15 min	95	
Denaturierung	30 s	95	40 Zyklen
Annealing	45 s	60	
Extension	30 s	72	
	5 min	72	

Auswertung

Die Auswertung erfolgte über Agarosegelelektrophorese. Die Probe enthielt DNA von *L. monocytogenes* wenn, je nach verwendetem Primerpaar ein PCR-Produkt mit Fragmentlänge 234 bp bzw. 149 bp im Gel erkennbar war. Die Reaktion war nur auswertbar, wenn Positiv- und Negativkontrollen die erwartete Reaktion zeigten.

2.9 Real-Time PCR Verfahren

2.9.1 Real-Time PCR mit SYBR-Green zur Methodenoptimierung des Campylobacter-Nachweises

Zur Optimierung der Parameter der neu entwickelten Real-Time PCR für *C. coli* und *C. jejuni* wurde diese zunächst ohne spezifische Sonde durchgeführt. Dabei wurde das Fluoreszenzsignal über den dsDNA-bindenden Fluoreszenzfarbstoff SYBR-Green I generiert. SYBR-Green I bindet sequenzunabhängig in der kleinen Furche doppelsträngiger DNA-Moleküle. Gebundener Farbstoff fluoresziert nach Anregung etwa tausendmal stärker als frei vorliegender Farbstoff und eignet sich daher, die Anreicherung doppelsträngiger PCR-Produkte in der Real-Time PCR sichtbar zu machen.

Folgendes Standardprotokoll wurde für die PCR mit SYBR-Green im LightCycler (Roche Diagnostics Mannheim) verwendet:

Reaktionsansatz (20 µl):

Komponente	Volumen [in µl pro Ansatz]
Aq. bidest. (steril)	11,4
Primer forward [10 µM]	1,5
Primer reverse [10 µM]	1,5
LC FastStart DNA Master Sybrgreen I (Roche Diagnostics)	6,0
Proben-DNA	2,0
	20,0

Temperaturprogramm

Acquisition mode: single

Teilprogramm	Zeit	Temperatur [°C]	Zyklenzahl	Datensammlung
Initiale Denaturierung	10 min	95		nein
Denaturierung	5 s	95		nein
Annealing	10 s	55	45 Zyklen	nein
Extension	8 s	72		ja

2.9.2 Nachweis von *Salmonella* spp. mit der Real-Time PCR

Für den Nachweis von *Salmonella* spp. mit der PCR wurde als Positivkontrolle DNA-Referenzmaterial von S. Typhimurium ATCC 14028 verwendet. Bei allen Real-Time PCR-Ansätzen wurden Positivkontrollen, Extraktionskontrollen und Reagenzienleerwert (als Negativkontrollen) mitgeführt. In der Real-Time PCR werden für *Salmonella* spp. spezifische Primer und eine Sonde eingesetzt. Die entstehenden Amplifikate wurden nach Anlagerung sequenzspezifischer Sondenmoleküle durch Erzeugung eines Fluoreszenz-Signals gemessen.

Primer und Sonde:

invA 139 fw (Rahn 1992)   5´- gTg AAA TTA TCg CCA CgT TCg ggC AA - 3´
invA 141 re (Rahn 1992)   5´- TCA TCg CAC CgT CAA Agg AAC C - 3´
Sal invA-SO-WH   5´- CTC Tgg ATg gTA TgC CCg gTA AAC A – 3´

Die Sonde trägt eine FAM-TAMRA-Fluoreszenzmarkierung, das Produkt aus den Primern ist **284 bp** groß.

Reaktionsansatz (25 µl)

Komponente	Volumen [in µl pro Ansatz]
Aq. bidest. (steril)	1,0
Sal-139 fw (5 pmol/ µl)	2,0
Sal-141 re (5 pmol/ µl)	2,0
Sal invA-SO_1-WH (2 pmol/ µl)	2,5
Taqman Universal PCR Master Mix (2 x) (Qiagen)	12,5
Proben-DNA	5,0
	25,0

Temperaturprogramm

Teilprogramm	Zeit	Temperatur [°C]	Zyklenzahl	Datensammlung
UNG-Schritt	2 min	50		nein
Initiale Denaturierung	10 min	95		nein
Denaturierung	15 s	95	45 Zyklen	ja
Annealing und Extension	60 s	60		

Auswertung

Die Reaktion war nur auswertbar, wenn Positiv- und Negativkontrollen die erwartete Reaktion zeigten.

Ein C_t-Wert in beiden Ansätzen der Doppelbestimmung von ≤ 40 zeigte sicher positive Resultate an. Durchschritt nur einer der beiden Ansätze der Doppelbestimmung den Threshold von ≤ 40, so galt die Probe als verdächtig. Bei C_t-Werten zwischen 40 und 45 wurde die Probe als verdächtig eingestuft und weitergehend untersucht. Die Auswertung erfolgte gemäß Manual von PE Applied Biosystems. Dabei wurde die Nullinie in der linearen Darstellung festgelegt (in der Regel zwischen dem 5. und 20. Zyklus), ein geeigneter Thresholds in der logarithmischen Darstellung (in der Regel circa 0,03 – 0,05) gewählt. Die Menge an vorhandener DNA (Kopienzahl) ist dann durch den C_t-Wert definiert.

2.9.3 Nachweis von *Campylobacter jejuni* und *Campylobacter coli* mittels Real-Time PCR

Für den Nachweis von *C. jejuni* und *C. coli* mit der PCR wurde als Positivkontrolle DNA-Referenzmaterial von *C. jejuni* DSM 4688 und *C. coli* DSM 4689 verwen-det. Bei allen Real-Time PCR-Ansätzen wurden Positivkontrollen, Extraktionskontrollen und Reagenzienleerwert (als Negativkontrollen) mitgeführt. In der Real-Time PCR werden für *C. jejuni* und *C. coli* spezifische Primer und eine Sonde eingesetzt. Die entstehenden Amplifikate wurden nach Anlagerung der sequenzspezifischen

Sondenmoleküle durch Erzeugung eines Fluoreszenz-Signals gemessen.

Primer und Sonde:

flaA AW 50 fw   5´- ATg ggA TTT CgT ATT AAC AC - 3´
flaA AW 5 re   5´- gAT ATA gCT TgA CCT AAA gTA - 3´
Sonde flaA AW   5´- CTA TCg CCA TCC CTg Aag CAT CAT CTg – 3´

Die Sonde trägt eine FAM-TAMRA-Fluoreszenzmarkierung, das Produkt aus den Primern ist **197 bp** groß.

Reaktionsansatz (25 µl)

Komponente	Volumen [in µl pro Ansatz]
Aq. bidest. (steril)	2,25
flaA AW50 fw [10 µM]	2,25
flaA AW 5 re [10 µM]	2,25
flaA AW SO (5 pmol/ µl)	0,75
Taqman Universal PCR Master Mix (2 x) (Qiagen)	12,5
Proben-DNA	5,0
	25,0

Temperaturprogramm

Teilprogramm	Zeit	Temperatur [°C]	Zyklenzahl	Datensammlung
UNG-Schritt	2 min	50		nein
Initiale Denaturierung	10 min	95		nein
Denaturierung	15 s	95	45 Zyklen	ja
Annealing und Extension	60 s	60		

Auswertung

s. 2.9.2

2.9.4 Nachweis von *Listeria monocytogenes* mittels Real-Time PCR

Für den Nachweis von *L. monocytogenes*. mit der PCR wurde als Positivkontrolle DNA-Referenzmaterial von *L. monocytogenes* DSM 20600 bzw. ATCC 15313 verwendet. Bei allen Real-Time PCR-Ansätzen wurden Positivkontrollen, Extraktionskontrollen und Reagenzienleerwert (als Negativkontrollen) mitgeführt. In der Real-Time PCR werden für *L. monocytogenes* spezifische Primer und eine Sonde eingesetzt. Die entstehenden Amplifikate wurden nach Anlagerung sequenzspezifischer Sondenmoleküle durch Erzeugung eines Fluoreszenz-Signals gemessen.

Primer und Sonde:

LM1 (Furrer 1991)   5´- gAA AAA gCA TTT gAA gCC AT - 3´
LM2 (Furrer 1991)   5´- gCA ACT TCC ggC TCA gC - 3´
Sonde LM1-LM2   5´- TCA gAG TgA AgC TCA TgT gAA Aag TTA TgT

Die Sonde trägt eine FAM-TAMRA-Fluoreszenzmarkierung, das Produkt aus den Primern ist **149 bp** groß.

Reaktionsansatz (25µl)

Komponente	Volumen [in µl pro Ansatz]
Aq. bidest. (steril)	1,75
LM1 (5 pmol/ µl)	2,5
LM2 (5 pmol/ µl)	2,5
Sonde LM1-LM2 (5 pmol/ µl)	0,75
Taqman Universal PCR Master Mix (2 x) (Qiagen)	12,5
Proben-DNA	5,0
	25,0

Temperaturprogramm

Teilprogramm	Zeit	Temperatur [°C]	Zyklenzahl	Datensammlung
UNG-Schritt	2 min	50		nein
Initiale Denaturierung	10 min	95		nein
Denaturierung	15 s	95	45 Zyklen	ja
Annealing und Extension	60 s	60		

Auswertung

s. 2.9.2

2.10 Amplifkationskontrollen für die qualitativen PCR-Nachweise und die Real-Time PCR Nachweise

2.10.1 Externe Inhibitionskontrolle als Amplifikationskontrolle für die qualitative PCR

Zur Überprüfung der Amplifizierbarkeit und zum Ausschluss falsch-negativer PCR-Ergebnisse aufgrund inhibitorischer Komponenten wurden für alle Nachweise Inhibitionskontrollen durchgeführt und wie in Tab. 3 erläutert ausgewertet. Für die qualitativen PCR-Nachweise wurden externe Inhibitionskontrollen durch-geführt. Dazu wurde ein zweiter Ansatz der Proben-DNA mit Positiv-Kontroll-DNA in solchen Konzentrationen (Kopienzahlen) versetzt, dass sie ohne Inhibition noch sicher nachweisbar war. Wenn auch in diesem Spiking-Ansatz als externe Inhibitionskontrolle keine Amplifikate erhalten wurden, wurde dies als Inhibition gedeutet (s. Tab 3). In solchen Fällen wurde eine weitergehende Aufreinigung der DNA-Lösung bzw. die Verwendung eines alternativen Extrak-tionsverfahrens durchgeführt.

Tab. 3: Auswertung der PCR-Ergebnisse bei der Verwendung einer externen Inhi-bitionskontrolle (Positivkontrolle und Negativkontrolle stellen die Reagenzien-Kontrollen dar)

Reaktion	Doppelansatz mit Spiking-DNA (Inhibitionskontrolle)	Target-Ansatz	Bewertung
Positivkontrolle		positiv	Reaktion auswertbar
Positivkontrolle		negativ	Reaktion nicht auswertbar
Negativkontrolle		negativ	Reaktion auswertbar
Negativkontrolle		positiv	Reaktion nicht auswertbar, vermutlich Kontamination der Reagenzien
Probe	positiv	positiv	Reaktion auswertbar, Keim molekularbiologisch nachgewiesen
Probe	positiv	negativ	Reaktion auswertbar, Keim

				molekularbiologisch nicht nachgewiesen
Probe		negativ	negativ	Reaktion nicht auswertbar, Inhibition

2.10.2 Entwicklung einer internen Inhibitionskontrolle (IPC) als Amplifikationskontrolle der Real-Time PCR

Zur Verwendung als interne Inhibitionskontrolle in der Real-Time PCR wurde in der vorliegenden Arbeit ein neues System konstruiert und etabliert. Als Grundlage dafür wurde eine bekannte Gensequenz aus Nicotiana tabacum genutzt. Für die Auswahl von geeigneten Primern und einer Sonde wurden die in Kap. 2.9.4 aufgelisteten Kriterien herangezogen und für die theoretische Überprüfung wurde die in Tabelle 2 angegebene Software genutzt. Die Primer- und Sondensequenzen, die verwendeten Konzentrationen und das Temperatur-Zeit-Programm für die Real-Time PCR sind in 2.9.3 und 2.9.4 beschrieben (s.u.).

2.10.3 Klonierung der internen Amplifikationskontrolle IPC-ntb2 und Optimierung für den Einsatz in der Real-Time PCR

Das gewählte Fragment wurde in der PCR amplifiziert und das erhaltene PCR-Produkt in *E. coli* kloniert. Für die Herstellung des PCR-Produkts IPC-ntb2 als insert für die Klonierung wurde mit der CTAB-Methode (s. 2.4.1) extrahierte DNA aus Tabakblättern eingesetzt und für die PCR folgende Bedingungen angewandt.

Primer:

IPC-ntb 2 fw   5´- ACCACAATGCCAGAGTGACAAC - 3´
IPC-ntb 2 re   5´- TACCGGTCTCCAGCTTTCAGTT - 3´

Das Produkt aus den Primern ist **125 bp** groß.

Reaktionsansatz (25 µl)

Komponente	Volumen [in µl pro Ansatz]
Aq. bidest. (steril)	6,5
IPC-ntb2 fw [10 µM]	2,0
IPC-ntb2 re [10 µM]	2,0
Qiagen HotStar Master Mix	12,5
Proben-DNA	2,0
	25,0

Temperaturprogramm

Teilprogramm	Zeit	Temperatur [°C]	Zyklenzahl
Initiale Denaturierung	15 min	95	
Denaturierung	30 s	95	40 Zyklen
Annealing	45 s	60	
Extension	30 s	72	
	7 min	72	

Anschließend wurde das PCR-Produkt anhand der Agarose-Gelelektrophorese überprüft und mit dem MinElute PCR Purification-Kit (Qiagen) aufgereinigt. Dazu wurde zu 25 µl PCR-Produkt das fünffache Volumen an Puffer PB zugegeben, die gesamte Menge auf ein MinElute Säulchen gegeben und bei 10 000 g 1 min zentrifugiert. Der Überstand wurde verworfen und nach einem Waschschritt mit 750 µl Puffer PE erneut bei 10 000 g 1 min zentrifugiert. Der Überstand wurde wiederum verworfen und das MinElute Säulchen zur Entfernung des restlichen Überstandes nochmals bei 10 000 g 1 min zentrifugiert. Das MinElute Säulchen wurde dann auf ein neues Eppendorf-Gefäß gesteckt und mit 10 µl Puffer EB nach 1 min Inkubation eluiert. Zum Erhalt der DNA wurde 1 min bei 10 000 g zentrifugiert und die eluierte DNA bei – 20°C aufbewahrt.

Die Klonierung erfolgte mit dem pGEM®-T and pGEM®-T Easy Vector Systems Cloning Kit (Promega, Mannheim). Für die Ligation wurden Ansätze mit 0,5 µl und 1,5 µl PCR-Produkt mit je 5 µl Ligationspuffer (Rapid Ligation Buffer), 1 µl Vektor pGEM®-T, 1 µl T4 DNA-Ligase und Aq. dest zu einem Endvolumen von 10 µl versetzt. Die Reaktionsansätze wurden über Nacht bei ca. 4°C inkubiert. Zu je 2 µl des Ligationsproduktes wurden je 50 µl kompetente *E. coli* Zellen JM109 gegeben und das Gemisch 20 min auf Eis inkubiert. Danach wurden die Ansätze für 50 s bei exakt 42°C im Wasserbad schockerwärmt und anschließend sofort wieder auf Eis gestellt. Zu den transformierten Zellen wurden 950 µl SOC-Medium gegeben und diese dann ca. 1,5 h bei 37°C inkubiert. Je 50 µl bzw. 200 µl der transformierten

Zellen wurden auf vorbereitete LB-Ampicillin-Agarplatten ausgestrichen. Auf den Platten waren zuvor die Supplemente xGal und IPTG aufgebracht worden (30 µl einer 50 mg/ml xGal-Lösung und 20 µl einer 0,1 M IPTG-Lösung pro Platte). Die Platten wurden nun über Nacht bei 37°C inkubiert. Aufgrund des enthaltenen Ampicillins konnten nur Klone wachsen, welche ein funktionelles Plasmid enthalten, da sie dann ein Ampicillin-Resistenzgen erhalten hatten). Plasmidhaltige *E. coli*-Zellen konnten nach Wachstum auf den Platten von nicht-transformierten Zellen durch Blau-Weiss-Selektion unterschieden werden. Von den erhaltenen weißen Kolonien, die das Insert tragen, wurden ca. 10 mit einem sterilen Zahnstocher gepickt und auf einer LB-Platte mit Ampicillin (aber ohne xGal und IPTG-Lösung) zur Vermehrung ausgestrichen. Zur Überprüfung, ob die Kolonien das gewünschte Insert tatsächlich trugen, wurden das restliche Zellmaterial von den Zahnstochern in TE aufgenommen, und nach Erhitzen auf 95°C für 10 min als Template-DNA für die Real-Time PCR verwendet. Kolonien, die aufgrund dieses Screenings ein Plasmid mit korrektem Insert enthielten wurden einer Sequenzierungsreaktion unterworfen. Anhand der erhaltenen Sequenzdaten konnte eine Kolonie, die das Plasmid enthielt ausgewählt werden, die in 15 ml LB-Ampicillin Flüssigmedium für 18 h bei 37°C vermehrt wurde.

Die Plasmid-DNA wurde extrahiert und mit dem Qiagen HiSpeed Plasmid Purification Kit aufgereinigt. Dazu wurden 50 ml einer Übernachtkultur bei 6000 g 15 min zentrifugiert (bei 4°C). Das Pellet wurde in 6 ml Puffer P1 resuspendiert und nach Zugabe von 6 ml Puffer P2 und gründlichem, vorsichtigem Mischen durch Invertieren 5 min bei Raumtemperatur inkubiert. Zu dem Gemisch wurden 6 ml gekühlter Puffer P3 gegeben, sofort vorsichtig gemischt und das Lysat auf die QIAfilter Cartridge aufgetragen und 10 min inkubiert (Raumtemperatur). Währenddessen wurde ein HiSpeed Midi Tip durch Zugabe von 4 ml Puffer QBT equilibriert. Das Lysat wurde nun mit dem Kolben durch die QIAfilter Cartridge in den HiSpeed Midi Tip gefiltert. Nachdem das HiSpeed Midi Tip mit 20 ml Puffer QC gewaschen wurde, wurde die DNA mit 5 ml Puffer QF eluiert. Anschließen wurde die erhaltene

DNA durch Zugabe von 3,5 ml Isopropanol (RT) präzipitiert und bei Raumtemperatur 5 min inkubiert. Das QIAprecipitator Modul wurde durch Anbringen einer Spritze (ohne Kolben) an die Öffnung vorbereitet. Der QIAprecipitator wurde nun auf einem Gefäß platziert und das Gemisch in die Spritze gefüllt und durch die Spritze gedrückt. Die DNA wurde gleichermaßen mit 2 ml 70° Ethanol gewaschen und anschließend die Membran des QIAprecipitator durch zweimaliges leeres Durchdrücken der Spritze getrocknet. Die DNA wurde schließlich mit 1 ml TE Puffer aus dem QIAprecipitator eluiert und die erhaltene Konzentration bestimmt.

Anschließend wurde mit dem Restriktionsenzym AccI (New England Biolabs, Frankfurt) ein Verdau durchgeführt (Linearisierung). Dazu wurden für 1 µg Plasmid-DNA 2 units AccI eingesetzt und der Restriktionsverdau bei 37°C 1 h durchgeführt. Die Konzentration der DNA wurde photometrisch bestimmt und die Kopienzahl nach folgender Gleichung errechnet:

Konzentration der Plasmid-DNA (g/ µl) /[(Länge des klonierten Fragments inklusive des Vektors in Basenpaaren x 660 g pro mol) / (6×10^{23})] = Anzahl der Genomkopien pro µl. Die Plasmid-DNA-Lösung wurde in TE-Puffer gelöst und die Konzentration der Genomkopien pro µl auf eine angemessene Konzentration für die Real-Time PCR eingestellt. Die Konzentration der IPC zum Einsatz als Amplifikationskontrolle in der Real-Time PCR sollte auf eine solche Höhe eingestellt werden, bei der es zu keiner Interferenz mit der Targetamplifikation kommt, bei der aber gleichzeitig eine stabile Amplifikation der IPC sichergestellt wurde. Zur Optimierung der Konzentration der IPC wurden Duplex-PCR - Ansätze mit verschiedenen Konzentrationen der IPC-ntb 2 Plasmid-DNA (5000, 500, 50, 25, 5 Kopien / PCR-Reaktion) und DNA einer 10fach-Verdünnungsreihe der jeweiligen Target-DNA (Referenzstamm DNA von S. Typhimurium, ATCC 14028 bzw. C. jejuni DSM 4688 und C. coli DSM 4689; 1ng / µl bis 1 fg / µl) durchgeführt. Auf diese Weise wurde die geeignete Verdünnung der IPC-ntb 2 Konzentration für den jeweiligen Ansatz ermittelt.

2.10.4 Ansatz der Real-Time PCR-Nachweise mit dem Nachweis einer internen Inhibitionskontrolle (IPC)

Es wurden ca. 50 Kopien der IPC-ntb2-Plasmid-DNA als Amplifikationskontrolle in die Real-Time PCR eingesetzt. Die entstehenden Amplifikate der IPC wurden nach Anlagerung sequenzspezifischer Sonden durch Erzeugung eines Fluoreszenz-Signals gemessen.

Primer und Sonde:

IPC-ntb 2 fw   5´- ACCACAATGCCAGAGTGACAAC - 3´
IPC-ntb 2 re   5´- TACCTGGTCTCCAGCTTTCAGTT - 3´
Sonde IPC-ntb 2   5´- CACGCGCATGAAGTTAGGGGACCA – 3´

Die Sonde trägt eine HEX-TAMRA Fluoreszenzmarkierung, das Produkt aus den Primern ist **125 bp** groß.

Reaktionsansatz (25 µl):

Komponente	Volumen [in µl pro Ansatz]
ntb 2 AW fw (5 pmol/ µl)	2,5
ntb 2 AW re (5 pmol/ µl)	2,5
Sonde ntb 2-AW-SO (2,5 pmol/ µl)	1,5
Taqman Universal PCR Master Mix (2 x) (Qiagen)	12,5
IPC-ntb 2 Plasmid-DNA	1,0
Proben-DNA	5,0
	25,0

Temperaturprogramm

Als Temperaturprogramm wurde das Programm des jeweiligen Target-Nachweises eingesetzt (s. Kap 2.9.2, 2.9.3).

Auswertung

Wurde eine interne Inhibitionskontrolle (IPC) im Duplex-Ansatz verwendet und die Real-Time PCR in einem Gerät für Mehrfarben-Detektion durchgeführt, so stellte sich die Auswertung folgendermaßen dar (Tab. 4):

Tab. 4: Auswertung der Real-Time bei PCR bei Verwendung einer internen Inhibitionskontrolle (Positiv- und Negativkontrolle stellen dabei die Reagenzienkontrollen dar)

Reaktion	IPC (VIC-Kanal)	Target (FAM-Kanal)	Wertung
Positivkontrolle	positiv	positiv	Reaktion auswertbar
Positivkontrolle	negativ	negativ	Reaktion nicht auswertbar
Negativkontrolle	positiv	negativ	Reaktion auswertbar
Negativkontrolle	positiv	positiv	Reaktion nicht auswertbar, vermutlich Kontamination der Reagenzien
Probe	positiv	positiv	Reaktion auswertbar, Keim molekularbiologisch nachgewiesen
Probe	positiv	negativ	Reaktion auswertbar, Keim molekular-biologisch nicht nachgewiesen
Probe	negativ	negativ	Reaktion nicht auswertbar, Inhibition

2.11 DNA-Biochip-Analytik zum parallelen Nachweis mehrerer pathogener Keime

2.11.1 Reagenzien des Kits

- Nutri®Chip (Microarray mit gebundenen DNA-Sonden)
- Mastermix für die Multiplex-PCR
- PCR Kontroll-DNA (für Nutri®Chip-Mastermix)
- Exonuklease (50 units/ µl) und Exonuklease-Puffer (5 x)
- ChipPure Chip-Hybridisierungslösung
- Waschlösung 1
- Waschlösung 2
- ChipPure Färbelösung

2.11.2 Durchführung der Analytik mit dem Nutri®Chip

Zum parallelen Nachweis von pathogenen Keimen wurden die von der Firma Genescan Europe AG (Freiburg) entwickelten Biochips und Reagenzien bezogen (Nutri®Chip). Die DNA aus Lebensmittelproben wurde mit der CTAB-Methode extrahiert (2.4.1). Die genaue Beschreibung der anschließenden Analyse erfolgte entsprechend den Angaben des Herstellers (Nutri®Chip-Manual). Zunächst wurde die Multiplex PCR angesetzt und im Anschluss daran mit den Amplifikaten ein Einzelstrang-Verdau durchgeführt. Die einzelsträngigen Amplifikate wurden nun mit den Sonden auf dem Nutri®Chip hybridisiert, nicht gebundene Amplifikate wurden durch zweimaliges Waschen der Biochips entfernt. Nach der Färbung der hybridisierten Amplifikate auf dem Chip mit Streptavidin-Cy5 wurden diese im BioDetect-Lesegerät sichtbar gemacht und ausgewertet.

Die einzelnen Arbeitsschritte der Multiplex-PCR und der Biochip-Analyse wurden durch eine interne PCR-Kontrolle, eine Positiv-Hybridisierungskontrolle, eine Negativhybridisierungskontrolle und eine Färbekontrolle parallel überprüft.

2.11.3 Auswertung des Nutri®Chip

Die Messung der Biochips erfolgte im Analysator Biodetect 645™ nach Herstellerangaben. Dazu wurde mit Ausleuchtungskorrektur gemessen, mit der Nutri®Chip-Soft-ware ausgewertet und die Bilddateien im Format Tagged image file format (.tif), 16 Bit Graustufe, 512 x 512 Pixel, Pixelauflösung 30 µm gespeichert.

2.12 Methode zur Typisierung von Salmonella-Serovaren mittels Pulsfeldgelelektrophorese

2.12.1 Standard-Protokoll für die PFGE

Verwendet wurde das von dem „Forschungsnetzwerk Lebensmittelinfektionen in Deutschland" („foodborne-net", German PFGE-Netzwerk „German PulseNet") im Internet veröffentlichte Protokoll (Anonymous 2003b).

Es wurden Zellen einer Übernachtkultur der Salmonella-Proben auf TSA-Agar oder in Flüssigmedium verwendet. Die Zellen wurden entweder von den Agar-platten abgeschwemmt bzw. das Flüssigmedium zentrifugiert, die Pellets gewaschen (TE-Puffer) und in Zellsuspensionspuffer CSB (100 mM TRIS, 100 mM EDTA, pH 8,0) resuspendiert. Die Zelldichte für die Vorbereitung der Agarose-Plugs sollte ca. 0.38 - 0.44 bei 450 nm (Mc Farland Nr.5) betragen. Zur Herstellung der Agarose-Plugs wurde 1,6 % Agarose (InCert) oder 2,0 % Agarose (Biorad Chromosomal) in TE Puffer (10 mM TRIS, 1 mM EDTA, pH 8,0) aufgekocht, auf 50°C abgekühlt und 1 % SDS (Endkonzentration) hinzugefügt. Der Zellsuspension wurde 0,5 mg/ ml Proteinase K (Endkonzentration) zugesetzt und diese dann im Verhältnis 1:1 mit der Agarose gemischt. Das Gemisch wurde in die Formen für die Agarose-Plugs gegossen und aushärten gelassen (ca. 15 min bei 4°C). Nach dem Festwerden der Plugs wurden sie in Lysepuffer (50 mM TRIS, 50 mM EDTA, 1% Sarkosyl, 0,1 mg/ ml Proteinase K, pH 8,0) überführt und mindestens 2 h unter Schütteln (Wasserbad) oder 4 h ohne Schütteln bei 54°C inkubiert. Die Plugs, die nun durchsichtig klar erschienen, wurden bei 50°C unter Schütteln im Wasserbad gewaschen, dabei erfolgte Waschschritt zweimal in mind. 5 ml sterilem Aq. dest. und zwei- bis dreimal in mind. 5 ml TE Puffer. (Die Plugs können in TE-Puffer bei 4°C mehrere Monate vor der weiteren Verwendung aufbewahrt werden). Für den Restriktionsverdau wurden die Plugs auf ca. 3 mm zurecht geschnitten, in 50-100 µl Reaktionspuffer gegeben und unter Zugabe von 50 Units XbaI pro Ansatz für 4 h bei 37°C inkubiert. Für die Elektrophorese wurde ein 1 % Agarosegel (z.B. 100 ml für ein 13 cm x 14 cm Gel; BioRad-Agarose, Pulse Field Cert.) mit 0,5 x TBE-Puffer hergestellt (50 mM TRIS, 50 mM Borsäure 0,5 mM EDTA), in dessen Geltaschen die Agarose-Plugs eingepasst wurden. Verbliebene Lücken wurden mit verflüssigter Agarose geschlossen. Für den Lauf in der CHEF-DR II Gerät wurden 2 l, für das CHEF-DR III Gerät wurden 2,5 l 0,5 x TBE-Puffer benötigt. Als Laufbedingungen wurden 24 h bei 6 V/ cm (200 V), Pulszeit 0,5 s – 60 s und 12°C verwendet. Anschließend wurde das Gel zur Auswertung 10 min im Ethidiumbromidbad gefärbt, ausgewertet und dokumentiert.

2.12.2 Bio-Rad-Methode für die PFGE

Es wurden alle Reagenzien aus Bio-Rad-Kit: CHEF Bacterial Genomic DNA Plug Kit verwendet.

- Cell Suspension Buffer
- Proteinase K (> 600 U/ ml)
- Proteinase K Reaction Buffer
- 2 % CleanCut Agarose
- Wash Buffer
- Lysozyme, Lysozyme buffer

Es wurden Zellen einer Übernachtkultur der Salmonella-Proben auf TSA-Agar oder in Flüssigmedium verwendet. Die Zellen wurden entweder von den Agarplatten abgeschwemmt bzw. das Flüssigmedium zentrifugiert, die Pellets gewaschen (TE-Puffer) und in 150 µl Cell Suspension Buffer resuspendiert. Zur Her-stellung der

Agarose-Plugs wurde 2,0 % CleanCut Agarose in TE Puffer (10 mM TRIS, 1 mM EDTA, pH 8,0) aufgekocht, auf 50°C abgekühlt und 1 % SDS (End-konzentration) hinzugefügt. Der Zellsuspension wurde 6 µl Lysozym zugesetzt und diese dann im Verhältnis 1:1 mit der Agarose gemischt. Von dem Gemisch wurden 100 µl in die Formen für die Agarose-Plugs gegossen und aushärten gelassen (ca. 15 min bei 4°C). Nach dem Festwerden der Plugs wurden sie in 500µl Lysepuffer (50 mM TRIS, 50 mM EDTA, 1 % Sarkosyl, 0,1 mg/ml Proteinase K, pH 8,0) überführt und nach Zusatz von 20 µl Lysozym 1 h bei 37°C (ohne Schütteln) inkubiert. Anschließend wurde einmal in 1ml Wash Buffer gewaschen, 500 µl Proteinase K Reaction Buffer und 20 µl Proteinase K zugesetzt und durch invertieren gemischt. Die Ansätze wurden dann über Nacht (ohne Schütteln, 16-20 h) bei 50°C inkubiert. Die Plugs wurden dann vier mal jeweils 30 - 60 min unter schwachem Schütteln bei Raumtemperatur in Wash Buffer gewaschen. (Die Plugs können in Wash Buffer bei 4°C ca. drei Monate vor der weiteren Verwendung aufbewahrt werden). Für den Verdau mit Restriktionsenzymen wurden die Plugs zunächst 30 - 60 min unter schwachem Schütteln bei Raumtemperatur in 1 ml 0,1 x Wash Buffer gewaschen. Nach Abnehmen des Wash Buffer wurden 500 µl XbaI-Puffer zuge-geben und für 30 - 60 min equilibriert. Dann wurde der Wash Buffer entfernt, erneut 300 µl XbaI-Puffer und zusätzlich ca. 50 Units XbaI zugegeben und vorsichtig gemischt. Die Plugs wurden nun 16-20 h bei 37°C inkubiert (bzw. über Nacht). Nach dem Verdau wurde der Puffer abgenommen und 500 µl 1 x Wash Buffer zupipettiert. Für die Elektrophorese wurde ein 1 % Agarosegel (100 ml für ein 13 cm x 14 cm Gel; BioRad-Agarose, Pulse Field Cert.) mit 0,5 x TBE-Puffer hergestellt (50 mM TRIS, 50 mM Borsäure 0,5 mM EDTA), in dessen Geltaschen die Agarose-Plugs eingepasst wurden. Verbliebene Lücken wurden mit verflüssigter Agarose geschlossen. Für den Lauf in der CHEF-DR II Gerät wurden 2 l, für das CHEF-DR III Gerät wurden 2,5 l 0,5 x TBE-Puffer benötigt. Als Laufbedingungen wurden 20h bei 6 V / cm (200 V), Pulszeit 0,5 s – 60 s und 12°C verwendet. Anschließend wurde das Gel zur Auswertung 10 min im Ethidiumbromidbad gefärbt, ausgewertet und dokumentiert.

2.13 Berechnung der Validierungsparameter

Um Alternativmethoden für die amtliche Untersuchung auf mikrobielle Kontamination in Lebensmitteln einsetzen zu können, müssen diese mit der Referenzmethode verglichen und validiert werden. Damit kann sichergestellt werden, dass die Alternativmethode nachweislich zu gleichen Beurteilungen führt wie die Referenzmethode, in diesem Fall das kulturelle Nachweisverfahren nach §64 LFGB. Eine Validierung von qualitativen Alternativmethoden durch Metho-denvergleich umfasst in der Regel die folgenden Validierungskriterien (Hübner 2002): Spezifität, Sensitivität, Relative Richtigkeit, Wiederholbarkeit (Präzision), Vergleichbarkeit (Robustheit), Nachweisgrenze, Falsch-Positiv-Rate, Falsch-Negativ-Rate und Statistische Übereinstimmung.

Zur Berechnung der Validierungsparameter ergibt sich das folgende Auswerteschema für Laborversuche, das von Hübner (2002) veröffentlicht wurde (s. Tab. 5).

Tab. 5: Auswerteschema für die Berechnung von Validierungsparametern bei Methodenvergleichen von Alternativmethode und Referenzmethode

		zu validierende Methode (Alternativmethode)		
		positiv	negativ	Summe
Referenzmethode oder reelle Kontamination	positiv	a	b	a + b
	negativ	c	d	a + d
	Summe	a + c	b + d	

Variablen:

a = Anzahl positiven Analysenergebnisse mit beiden Methoden

b = Anzahl der falsch - negativen Analysenergebnisse

c = Anzahl der falsch - positiven Analysenergebnisse

d = Anzahl negativen Analysenergebnisse mit beiden Methoden

Sensitivität (oder Inklusivität) im Vergleich mit dem Referenzverfahren (Relative Sensitivität)

Sensitivität als $a / (a + b) \times 100$; gibt an, wie viel Prozent aller sicher (mit dem Referenzverfahren) positiven Proben als positiv erkannt werden. Sensitivität hat in diesem Zusammenhang nichts mit der Nachweisgrenze zu tun, sondern steht für die Fähigkeit des Verfahrens, den Zielorganismus sicher nachzuweisen.

Spezifität (oder Exklusivität) im Vergleich zum Referenzverfahren (Relative Spezifität)

Spezifität als $d / (c + d) \times 100$, gibt an, wie viel Prozent aller sicher negativen Pro-ben als negativ erkannt werden. Eine hohe Spezifität garantiert, dass nur Salmonellen nachgewiesen werden und keine Kreuzreaktionen mit anderen Spezies auftreten (Fach 1999).

Falsch - Positiv-Rate

Die Falsch-Positiv-Rate, berechnet als $c / (c + d) \times 100$, gibt an, wie viel Prozent der Proben mit dem alternativen bzw. neuen Prüfverfahren als falsch - positive Befunde gewertet werden

Falsch - Negativ-Rate

Die Falsch-Negativ-Rate, berechnet als $b / (a + b) \times 100$ gibt an, wie viel Prozent der Proben mit dem alternativen bzw. neuen Prüfverfahren als falsch-negative Befunde gewertet werden.

Statistische Übereinstimmung (Konkordanzindex Kappa)

Der Konkordanzindex Kappa zeigt das Maß der Übereinstimmung zweier Prüfverfahren bezüglich eines Analyseparameters an und wird wie folgt berechnet:
$$\text{Kappa} = 2 \times (a \times d - b \times c) / ((a + c) \times (c + d) + (a + b) \times (b + d))$$
Für die Bewertung des Konkordanzindex Kappa wird die Tabelle nach Sachs (1997) verwendet (s. Tab. 6):

Tab. 6: Bewertung des Konkordanzindex Kappa (Sachs 1997)

Kappa	Übereinstimmung
<0,10	keine
0,10-0,40	schwache
0,41-0,60	deutliche
0,61-0,80	starke
0,81-1,0	fast vollständige

3 Ergebnisse

3.1 Nachweis von *Salmonella* spp. mit der PCR

3.1.1 Qualitative Polymerasekettenreaktion (PCR) für *Salmonella* spp.

Ein molekularbiologischer Nachweis von Salmonellen mit Polymeraseketten-reaktion (PCR) wurde bereits als DIN-Verfahren verabschiedet und basiert auf der Publikation von Rahn (1992). Dabei wird ein 284 bp langer Abschnitt des invasionsassoziierten Gens *invA* amplifiziert und detektiert. Das Genprodukt, das Invasionsprotein, erlaubt es den Bakterienzellen, in das Darmepithel einzudringen. Mit dem Primersystem, das nach der Literatur (Rahn 1992) eine Spezifität von 99,4 % aufweist, werden alle sechs Unterarten von *Salmonella enterica* erfasst.

Die darauf basierende amtliche Methode zum Nachweis von Salmonellen mit der Polymerasekettenreaktion (Anonymous 2000b) gliedert sich in vier aufeinander folgende Schritte: Kulturelle Anreicherung der Lebensmittelprobe, DNA-Extraktion, Amplifikation der gesuchten Nukleinsäuresequenz in der PCR und Detektion der Amplifikate mittels Agarosegelelektrophorese.

Im Rahmen dieses Projektes wurde der Nachweis nach Rahn (1992) als PCR etabliert und darüber hinaus als Real-Time PCR mit einer spezifischen Sonde weiterentwickelt.

3.1.2 Spezifität der PCR für *Salmonella* spp.

Zunächst wurde die in der Literatur von Rahn (1992) genannte Spezifität bestätigt. Dazu wurde die DNA von 71 Target-Stämmen (Salmonella-Stämmen) und 44 Nicht-Target-Stämmen (Nicht-Salmonella-Stämmen) in der PCR untersucht. Die Target-Stämme repräsentierten sämtliche Subgruppen von *Salmonella enterica*. Es zeigten sich bei allen 71 Salmonella-Stämmen Banden der richtigen Größe von 284 bp im Agarosegel. Alle Nicht-Target-Stämme ergaben keine bzw. nur unspezifische Banden.

3.1.3 Sensitivität der PCR für *Salmonella* spp.

Zur Ermittlung der Sensitivität der PCR wurden jeweils 5fach Replika von DNA-Verdünnungsstufen eines Referenzstammes (S. Typhimurium ATCC 14028) in den Konzentrationen von 5 ng bis 5 fg in die PCR-Reaktion eingesetzt. Es konnte gezeigt werden, dass mit dem verwendeten System ca. 1 - 10 Kopien (5 - 50 fg) Salmonella Typhimurium sicher nachgewiesen werden konnten. In Abb. 3 werden die Ergebnisse der PCR dargestellt.

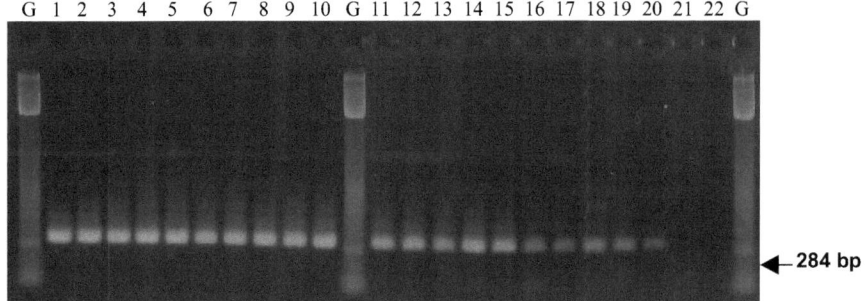

Abb. 3: Sensitivität der PCR für Salmonella spp.: Agarosegel-Aufnahme einer PCR mit genomischer DNA von Salmonella Typhimurium; je 5 Replikate pro Verdünnungsstufe; Gezeigte Verdünnungsreihe: 1-5 = 5 pg, 6-10 = 500 fg, 11-15 = 50 fg, 16-20 = 5 fg Salmonella Typhimurium pro Reaktionsansatz; 21,22 = Negativkontrolle; G = Größenmarker

3.1.4 Nachweis von *Salmonella* spp. mit der Real-Time Polymerasekettenreaktion (PCR)

Bei der Real-Time PCR läuft die Amplifikation der gesuchten DNA-Sequenzen und die Detektion mit einer spezifischen Sonde simultan in einem einzigen Reaktionsansatz ab. Das Amplifikat wird sequenzspezifisch über die fluoreszenzmarkierte Sonde detektiert. Für den Salmonella-Nachweis wurde das Primer-System von Rahn (1992) mit einer neu entwickelten FAM (6-Carboxyfluorescein) - TAMRA (6-Carboxytetramethylrhodamin) markierten Sonde kombiniert. Die Real-Time PCR wurde mit dem GeneAMP® 5700, 7500 und 7700 Sequence Detection System durchgeführt.

3.1.5 Spezifität der Real-Time PCR für *Salmonella* spp.

Die Spezifität der Sonde in Kombination mit den Primern wurde mit 103 Target-Stämmen (Salmonella-Stämmen) (Tab. 7), die aus allen bekannten Subgruppen stammten und 45 Serotypen umfassten, und 41 Nicht-Target-Stämmen (Tab. 8) in der PCR untersucht. Es zeigten sich nur bei den 103 Targetstämmen positive Resultate. Alle Nicht-Targetstämme ergaben ein negatives Resultat.

Tab 7: Targetstämme, die für den Spezifitätstest des Real-Time PCR Systems zum Nachweis von *Salmonella* spp. verwendet wurden

Serotyp	Subspecies	Anzahl getesteter Stämme	PCR Ergebnis
S. Agona	I	2	+
S. Anatum	I	4	+
S. arizonae	IIIa	6	+
S. bongori	V	4	+
S. Bovismorbificans	I	2	+
S. Brandenburg	I	2	+
S. Broughton	I	1	+
S. Derby	I	1	+
S. diarizonae	IIIb	6	+
S. Dublin	I	2	+
S. Enterica	I	1	+
S. Enteritidis	I	3	+
S. Falkensee	I	1	+
S. Give	I	1	+
S. Goldcoast	I	2	+
S. Hadar	I	2	+
S. Heidelberg	I	2	+
S. houtenae	IV	3	+
S. indica	VI	3	+
S. Infantis	I	5	+
S. Kedougou	I	1	+
S. Kentucky	I	1	+
S. Kodjovi	I	1	+
S. Litchfield	I	2	+
S. Liverpool	I	1	+
S. Livingstone	I	1	+
S. Manhattan	I	1	+

Sal. Montevideo	I	1	+
S. Morningside	I	1	+
S. Newport	I	2	+
S. Oranienburg	I	2	+
S. Paratyphi	I	2	+
S. Panama	I	2	+
S. Pullorum	I	1	+
S. Rubislaw	I	1	+
S. salamae	II	5	+
S. Saint-Paul	I	1	+
S. Senftenberg	I	4	+
S. Typhi	I	4	+
S. Typhimurium	I	8	+
S. Vittzin	I	1	+
S. Virchow	I	3	+
S. Weltevreden	I	2	+
S. Yoruba	I	2	+
S. Zanzibar		1	+

Tab. 8: Nicht-Targetstämme, die für den Spezifitätstests des Real-Time PCR Systems zum Nachweis von *Salmonella* spp. verwendet wurden:

Nicht-Targetstamm	PCR-Ergebnis	Nicht-Targetstamm	PCR-Ergebnis
Campylobacter coli	-	*Listeria welshimeri*	-
Campylobacter jejuni	-	*Moellerella wisconsensis*	-
Campylobacter laridis	-	*Pantoea agglomerans*	-
Cedecea davisae	-	*Proteus mirabilis*	-
Citrobacter freundii	-	*Proteus vulgaris*	-
Escherichia coli	-	*Providencia stuartii*	-

Edwardsiella tarda	-	Serratia marcescens	-
Enterohämorrhagische E. coli	-	Shigella boydii	-
Enterobacter aerogenes	-	Shigella dysenteriae	-
Enterobacter cloacae	-	Shigella flexneri	-
Enterobacter tarda	-	Shigella sonnei	-
Ewingella americana	-	Staphylococcus aureus	-
Hafnia alvei	-	Vibrio cholerae	-
Klebsiella pneumoniae	-	Vibrio damsella	-
Listeria grayi	-	Vibrio mimicus	-
Listeria innocua	-	Vibrio parahaemolyticus	-
Listeria ivanovii	-	Yersinia enterocolitica	-
Listeria monocytogenes	-	Yersinia intermedia	-
Listeria seeligeri	-		

3.1.6 Sensitivität der Real-Time PCR für *Salmonella* spp. (Nachweisgrenze)

Die Sensitivität der Real-Time PCR für *Salmonella* spp. wurde anhand von DNA-Verdünnungsreihen aus Reinkulturen von Salmonella Typhimurium (S. Typhimurium ATCC 14028) ermittelt. Hierbei wurde gezeigt, dass mit diesem System bis zu ca. 10 Kopien (ca. 100 fg) Salmonella-DNA pro Ansatz sicher nachweisbar sind (Abb. 4). (5/5 Replikaten waren positiv; für ca. 1 Kopie (ca.10 fg) waren 2 / 5 Replikaten positiv).

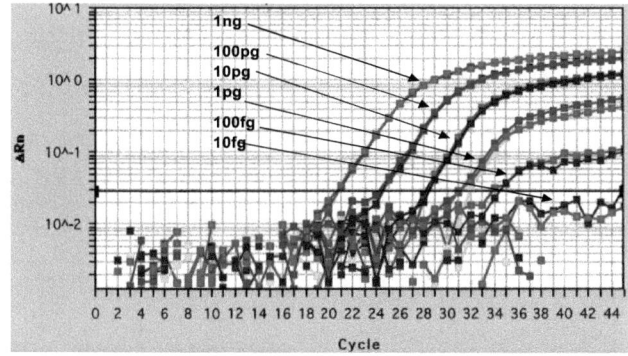

Abb. 4: Sensitivität der Real-Time PCR für *Salmonella spp.*; Verdünnungsreihe von Salmonella Typhimurium gemessen mit dem GeneAMP 7700; gezeigt sind die Amplifikationskurven von Reaktionsansätzen mit 1 ng - 10 fg DNA pro Reaktionsansatz. X-Achse: Zyklen der Real-Time PCR; Y-Achse: Höhe des Fluoreszenzsignals als Rn (normalisiertes Reportersignal) in logarithmischer Darstellung. Je niedriger die Anfangskonzentration an Template-DNA umso weiter sind die Kurven nach rechts verschoben, d.h. umso höher ist der C_t-Wert (Schwellenwertzyklus, s.1.3.2)

3.1.7 Validierung der Real-Time PCR für *Salmonella* spp. im Vergleich zur kulturellen Nachweismethode anhand natürlich kontaminierter Proben (Relative Sensitivität und Relative Spezifität)

Zum Vergleich der molekularbiologischen Methode mit der kulturellen Referenzmethode wurden Lebensmittelproben aus der Routineanalytik zur Testung herangezogen. Die Proben wurden zunächst mit der kulturellen Methode nach §64 LFGB (Anyonymous 2000b, Anonymous 2003a) untersucht und parallel dazu die aus den Voranreicherungen der Proben isolierte DNA (mit thermischer Lyse bzw. dem Qiagen DNeasy tissue Kit) mit der Real-Time PCR. Die untersuchten Proben entstammten unterschiedlichen Lebensmittelkategorien, wie z.B. Fleisch und Fleischerzeugnisse (Hackfleisch, Schweinefleisch, Rindfleisch, Mettwurst), Geflügel, Fisch, Süßwaren und Backwaren (Cremetorte, Schokolade, Tiramisu), Ei, Gewürze und Tee. Es wurden 166 Lebensmittelproben untersucht, von denen 135 in der kulturellen Analyse negativ waren und 31 ein Salmonella-positives Ergebnis erzielten. Alle 31 Proben waren auch in der Real-Time-PCR positiv. Von den negativen Proben stimmen 134 Proben mit dem kulturellen Ergebnis überein, eine Probe zeigte in der PCR Inhibition und konnte daher kein eindeutiges Ergebnis liefern. Die Ergebnisse sind in Tab. 9 dargestellt.

Tab. 9: Analyse von Lebensmittelproben auf *Salmonella* spp. mit Real-Time PCR im Vergleich zum kulturellen Nachweis (Referenzmethode)

		Real-Time PCR		
		positiv	negativ	inhibiert
Referenzmethode	positiv	31	0	0
(kultureller	negativ	0	134	1
Nachweis)	inhibiert	0	0	0
	gesamt		166	

3.1.8 Methodenvergleich der Real-Time PCR für *Salmonella* spp. und der kulturellen Nachweismethode anhand artifiziell kontaminierter Proben (Dotierungsexperimente)

Die Vergleichbarkeit der Sensitivität der molekularbiologischen Methode mit der kulturellen Referenzmethode, zum Nachweis von *Salmonella* spp. (Anonymous 2003a), wurde in Zusammenarbeit mit dem LGL München (Bayerisches Landesamt für Gesundheit und Lebensmittel) anhand von dotierten Lebensmittelproben ermittelt. Folgende Lebensmittel wurden mit definierten Konzentrationen einer Reinkultur von Salmonella Typhimurium (Feldstamm, Gruppe B, LGL Stammsammlung) dotiert: Hackfleisch, Geflügel, Lachs, Speiseeis, Schokolade, Tiramisu, gemahlener Pfeffer, Knoblauchgranulat, Grüntee und Schwarztee. Die Proben wurden jeweils mit einer errechneten Konzentration von 5 cfu (nahe der Nachweisgrenze) und 10 cfu pro 25 g Lebensmittel inokuliert. Die tatsächliche Höhe der Dotierung der jeweiligen Proben, die mit dem Plattenverfahren ermittelt wurde, ist in Tabelle 10 aufgelistet.

Tab. 10: Lebensmittelprodukte, die für die künstliche Dotierung mit Salmonella Typhimurium verwendet wurden und tatsächliche Höhe der Dotierung

Lebensmittelkategorie	Produkt	Tatsächliche Höhe der Dotierung (ca. cfu / 25 g)*	
		Niedrige Stufe	Hohe Stufe
Fleisch	Hühnchen	4-5	9
	Hackfleisch	1-2	5
Fisch	Lachs	1-2	24
Schokolade	Vollmilchschokolade	1	2
Dessert (mit Rohei)	Tiramisu	2-3	8
Dessert	Speiseeis	6-8	7-11
Gewürze	Schwarzer Pfeffer	11	29-30
	Knoblauchgranulat	0-3	5
Tee	Grüntee	1	1
	Schwarztee	1	2

* Durchschnittswerte für vier Replikate

Nach einer Anreicherung von 18 h und von 24 h erfolgte die DNA-Extraktion mit dem High Pure foodproof I Kit (Roche Diagnostics) und parallel dazu mit thermischer Lyse. Anschließend wurde die Real-Time PCR (im Duplikat) bzw. der kulturelle Nachweis von *Salmonella* spp. (Anonymous 2003a) durchgeführt. Die Ergebnisse sind in Tabelle 11 zusammengefasst, dabei stimmen bei allen Proben - außer Grüntee - die Ergebnisse der DNA-Extraktion mit dem High Pure foodproof I Kit mit denen der thermischen Lyse überein.

Bei den Lebensmitteln Hackfleisch, Geflügel, Lachs, Speiseeis, Schokolade, Pfeffer und Tiramisu konnte kulturell sowie mit Real-Time PCR in allen dotierten Proben *Salmonella* spp. nachgewiesen werden. Die Grüntee-Proben waren kulturell und mit der Real-Time PCR mit DNA-Extrakten aus dem High Pure foodproof I Kit negativ (aber nicht inhibiert), zeigten aber für die nach thermischer Lyse durchgeführte Real-Time PCR in allen Fällen ein positives Ergebnis. Das Knoblauchgranulat war in allen dotierten Proben mit beiden Methoden negativ, es fand kein Wachstum von *Salmonella* spp. in den Anreicherungskulturen statt. Die parallel dazu durchgeführte Inhibitionskontrolle der Real-Time PCR zeigte ein positives Ergebnis, d.h. die PCR-Reaktion dieser Proben war nicht inhibiert. Die Schwarzteeproben waren kulturell teilweise positiv, zeigten in der Real-Time PCR aber ein negatives Ergebnis. Bei allen negativen Real-Time PCR-Resultaten der Schwarztee-Proben war auch die Inhibitionskontrolle der PCR negativ, was auf eine Inhibition dieser Reaktionsansätze hinweist. Bei einzelnen positiven Real-Time PCR Ergebnissen wurde eine negative Inhibitionskontrolle beobachtet (z.B. bei der 24 h-Anreicherung der Probe Schwarzer Pfeffer), was auf eine kompetitive PCR-Reaktion hinweist. Ein solcher Fall ist bei Salmonella-positiver Real-Time PCR erlaubt und kann dann auftreten, wenn eine hohe Konzentration an Salmonella-DNA in der Probe vorliegt.

Tab. 11: Sensitivität der Salmonella Real-Time PCR anhand künstlich kontaminierter Lebensmittelproben; die Dotierung erfolgte in zwei unterschiedlichen Konzentrationen jeweils in Duplikaten. Dargestellt sind die Ergebnisse des kulturellen Nachweises (Doppelansatz) und des Real-Time PCR Ansatzes (dieser wurde jeweils im Doppelansatz durchgeführt). Die beiden Duplikate der Dotierungen sind zusammengefasst, da sie jeweils übereinstimmende Resultate lieferten.

([1]: Ergebnis für Real-Time PCR nach DNA-Extraktion mit HighPure Foodproof I Kit und mit thermischer Lyse getrennt dargestellt, da die Ergebnisse abweichend waren: für den Kit negativ und die thermische Lyse positiv.)

Lebensmittel	Anreicherung	Dotierungszahl s. Tab. 10	Kultureller Nachweis	Real-Time PCR	Inhibitions-kontrolle
Lachs	24 h	niedrig	+ / +	+ / +	+ / +
		hoch	+ / +	+ / +	+ / +
Schokolade	18 h	niedrig	+ / +	+ / +	+ / +
		hoch	+ / +	+ / +	+ / +
	24 h	niedrig	+ / +	+ / +	+ / +
		hoch	+ / +	+ / +	+ / +
Tiramisu	24 h	niedrig	+ / +	+ / +	+ / +
		hoch	+ / +	+ / +	+ / +
Knoblauch-granulat	18 h	niedrig	- / -	- / -	+ / +
		hoch	- / -	- / -	+ / +
	24 h	niedrig	- / -	- / -	+ / +
		hoch	- / -	- / -	+ / +
Hackfleisch	18 h	niedrig	+ / +	+ / +	+ / +
		hoch	+ / +	+ / +	+ / +
	24 h	niedrig	+ / +	+ / +	+ / +
		hoch	+ / +	+ / +	+ / +
Schwarztee	18 h	niedrig	- / +	- / -	- / -
		hoch	+ / +	- / -	- / -
	24 h	niedrig	- / +	- / +	- / +
		hoch	+ / +	- / +	- / +
Speiseeis	18 h	niedrig	+ / +	+ / +	+ / +
		hoch	+ / +	+ / +	+ / +
	24 h	niedrig	+ / +	+ / +	+ / +
		hoch	+ / +	+ / +	+ / +
schwarzer Pfeffer	18 h	niedrig	+ / +	+ / +	+ / +
		hoch	+ / +	+ / +	+ / +
	24 h	niedrig	+ / +	+ / +	- / -
		hoch	+ / +	+ / +	+ / +
Geflügel	18 h	niedrig	+ / +	+ / +	+ / +
		hoch	+ / +	+ / +	+ / +
	24 h	niedrig	+ / +	+ / +	+ / +
		hoch	+ / +	+ / +	+ / +
Grüntee	18 h	niedrig	- / -	- / - / + / +[1]	+ / +
		hoch	- / -	- / - / + / +[1]	+ / +
	24 h	niedrig	- / -	- / - / + / +[1]	+ / +
		hoch	- / -	- / - / + / +[1]	+ / +

3.1.9 Ringversuche zum Nachweis von *Salmonella* spp. mit Real-Time PCR

Mit der hier beschriebenen Real-Time PCR zum Nachweis von *Salmonella* spp. wurde an einem Ringversuch zum Bakteriengenom-Nachweis - *Salmonella enterica* (Institut für Standardisierung und Dokumentation im Medizinischen Laboratorium, Instand e.V., Düsseldorf) teilgenommen, der erfolgreich abgeschlossen werden konnte. Der Ringversuch war eine Vergleichsuntersuchung, bei der ausschließlich molekularbiologische Methoden anzuwenden waren. DNA aus lyophilisiertem Probenmaterial unbekannter Herkunft wurde direkt isoliert und mit der Real-Time-PCR untersucht. Zwei der vier versandten Proben waren mit mittleren und höheren Konzentrationen an *Salmonella* spp. dotiert, welche in der Real-Time PCR als eindeutig positiv erkannt wurden. Eine Probe war nicht dotiert und zeigte wie erwartet ein negatives Ergebnis. Die vierte Probe, die mit einer grenzwertigen Salmonella-Konzentration dotiert war, zeigte ein fraglich positives Ergebnis. Diese Probe wurde vom Versender des Ringversuchs aus der Endauswertung ausgeschlossen.

Ferner wurden Proben einer Laborvergleichsuntersuchung für den kulturellen Nachweis auch mit der Real-Time PCR untersucht. Hierbei wurden 15 Milch-proben, von denen eine unbekannte Anzahl mit Salmonellen dotiert war, untersucht. Nach der Voranreicherung in Peptonwasser wurden die kulturelle Nachweismethode und parallel dazu die Real-Time PCR durchgeführt. Als kulturelle Nachweismethode wurde das Verfahren nach §64 LFGB (Anonymous 2003b) verwendet. Bei allen Proben wurden mit der Real-Time PCR die gleichen Ergebnisse wie mit dem kulturellen Verfahren erzielt, 5 der 15 Proben ergaben negative Resultate, in den restlichen 10 Proben wurde *Salmonella* spp. nachgewiesen (s. Tab. 12). Die 15 Proben waren wie folgt inokuliert: Bei Probe 1 - 5 handelte es sich um nicht dotierte, sterilisierte Milch, Probe 5 - 10 war mit ca. 15 cfu/ ml Salmonella Enteritidis dotiert und Probe 11 - 15 war mit ca. 51 cfu/ ml Salmonella Enteritidis dotiert. In allen Proben, die mit Salmonella Enteritidis dotiert waren, wurden diese auch mit der Real-Time PCR wiedergefunden.

Tab 12: Laborvergleichsuntersuchung für den Nachweis von *Salmonella* spp. Ergebnisse mit der kulturellen Methode (Anonymous 2003a) und der Real-Time PCR zum Nachweis von *Salmonella* spp.

Proben	Dotierung (cfu / ml)	Ergebnis kulturelle Methode	Ergebnis Real-Time PCR
1	0	-	-
2	0	-	-
3	0	-	-
4	0	-	-
5	0	-	-
6	15	+	+
7	15	+	+
8	15	+	+
9	15	+	+
10	15	+	+
11	51	+	+
12	51	+	+
13	51	+	+
14	51	+	+
15	51	+	+

3.1.10 Berechnung der Validierungsparameter der Real-Time PCR für *Salmonella* spp.

Aus den Ergebnissen der vergleichenden Untersuchungen der Real-Time PCR und der kulturellen Methode zum Nachweis von *Salmonella* spp. (3.1.7) anhand natür-lich kontaminierter Proben wurden die Werte für die Validierungsparameter errechnet. Die Probe, die kulturell ein negatives Ergebnis erzielte und bei der Real-Time PCR inhibiert war, wurde aus der Berechnung herausgenommen, da sie nicht als falsch-negative Probe erfasst wurde, sondern anhand der Inhibitionskontrolle als inhibiert erkannt worden war. Unter Verwendung der Tabelle 9 wurden fol-gende Werte der Validierungsparameter erzielt (Tab. 13):

Tab. 13: Werte der Validierungsparameter für den Nachweis von *Salmonella* spp. mit der Real-Time PCR im Vergleich zur kulturellen Referenzmethode

Validierungsparameter	Wert
Untersuchte Proben	165
Spezifität im Vergleich zur Referenzmethode	100 %
Sensitivität im Vergleich zur Referenzmethode	100 %
Falsch-Positive Rate	0 %
Falsch-Negative Rate	0 %
Statistische Übereinstimmung, Kappa	1 , d.h. fast vollständige Übereinstimmung

3.1.11 Pulsfeldgelelektrophorese (PFGE) von *Salmonella* spp.

Die Pulsfeldgelelektrophorese (PFGE) gehört zu den Typisierungsmethoden, mit denen zwischen Stämmen der gleichen Spezies differenziert werden kann. Die Technik ist eine Variation der normalen Agarosegel-Elektrophorese, bei der nach einem Restriktionsverdau des gesamten Genoms die DNA-Fragmente als Restriktionsprofil aufgetrennt werden. Mit der Analyse durch PFGE wurde die Typisierung von 2 Probenserien mit je acht verschiedenen Salmonella-Isolaten aus Lebensmittelproben vorgenommen. Bei beiden Probenserien waren sechs der jeweils acht Isolate bereits mit dem Kauffmann-White-Schema (Brandis, 1994) serologisch typisiert worden. Zwei weitere Isolate, waren jeweils unbekannt.

1. Probenserie

Anhand der erzielten Bandenmuster konnten durch Vergleiche mit den bekannten Serovaren die beiden unbekannten Isolate, die aus einer Fencheltee-Probe stammten, als Salmonella Agona identifiziert werden (Abb. 5).

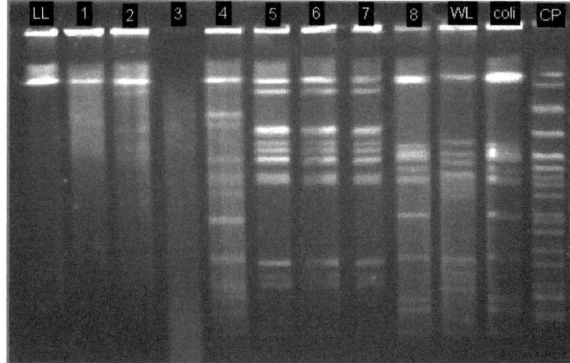

Abb. 5: Gelbild der PFGE für *Salmonella spp.* nach BioRad-Methode. Dargestellt sind die Bandenmuster der 8 Salmonella-Isolate. Das Bandenmuster der unbekannten Proben 5 und 6 ist identisch mit dem Muster von Salmonella Agona (Spur 7):
LL = Größenstandard, 1 = S. Infantis, 2 = S. Schwarzengrund, 3 = S. Cheester, 4 = S. Blockley, 5 = unbekanntes Isolat, 6 = unbekanntes Isolat, 7 = S. Agona, 8 = S. Hadar, WL = Isolat aus KKH Schwabing, coli = *E. coli,* CP = Controll Plug Bio-Rad

Die PFGE wurde nach zwei verschiedenen Protokollen durchgeführt, zum einen nach dem vom Forschungsnetzwerk „foodborne-net" (German PFGE-Netzwerk) im Internet veröffentlichten Standard-Protokoll (Anonymous 2003b) und zum anderen nach einem zeitlich aufwändigeren Protokoll des Bio-Rad-PFGE-Kit „CHEF Bacterial Genomic DNA Plug Kit". Beide Protokolle führten zum gleichen Ergebnis. Die Aufnahme nach dem Standard-Protokoll zeigt jedoch ein teils unklares Bandenmuster, das bei mehreren Banden einen Schmier aufweist und bei zwei Ansätzen fehlende Banden. Die Aufnahme nach dem Bio-Rad-Protokoll ergibt klare Bandenmuster mit besserer Auflösung, allerdings wurden vier Ansätze gar nicht aufgetrennt und ergaben kein Bandenmuster (Abb. 6).

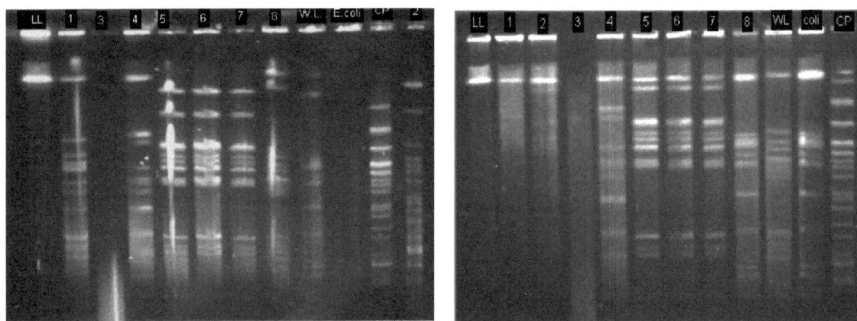

Abb. 6: Vergleich der PFGE für *Salmonella spp.* nach Standard-Protokoll (linke Gel-Aufnahme) und nach BioRad-Protokoll (rechte Aufnahme):
LL = Größenstandard, 1= Salmonella Infantis, 2= Salmonella Schwarzengrund, 3= Salmonella Cheester, 4 = Salmonella Blockley, 5 = unbekanntes Isolat, 6 = unbekanntes Isolat, 7 = Salmonella Agona, 8 = Salmonella Hadar, WL = Isolat aus KKH Schwabing, coli: E. coli Stamm, CP = Control Plug Bio-Rad

2. Probenserie

Sechs der acht Isolate der 2. Probenserie waren bereits mittels des Kauffmann-White-Schemas (Brandis, 1994) serologisch typisiert worden (Tab. 14). Die PFGE wurde nach dem vom Forschungsnetzwerk „foodborne-net" im Internet veröffentlichten Standard-Protokoll (2003b) durchgeführt. Die erzielten PFGE-Bandenmuster wurden sind in Abb. 7 gezeigt.

Tab 14: Serologische Typisierung der *Salmonella*-Proben (2. Probenserie)

Probe	Serovar	Antigenformel
1	S. Paratyphi B	4,12,b,1,2
2	S. Livingstone	6,7,d,1w
3	S. Indiana	4,12,z,1,7
4	S. Sofia	1,4,12,b,enx
5	S. Sofia	1,4,12,b,enx
6	S. Typhimurium	1,4,5,12,i,1,2
7	unbekannt	unbekannt Gruppe II
8	unbekannt	polyvalent

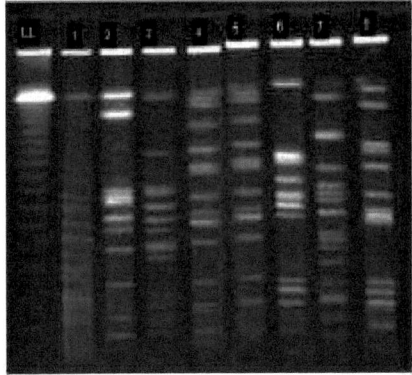

Abb. 7: Gelbild der PFGE für *Salmonella spp.* nach Foodborne-Net- Methode. Dargestellt sind die Bandenmuster der 8 Salmonella-Isolate der 2. Probenserie: LL = Größenstandard, 1 = Salmonella Paratyphi B, 2 = Salmonella Livingstone, 3 = Salmonella Indiana, 4 = Salmonella Sofia, 5 = Salmonella Sofia, 6 = Salmonella Typhimurium, 7 = unbekanntes Isolat, 8 = unbekanntes Isolat

Diese PFGE-Ergebnisse wurden in Kooperation mit dem Bundesinstitut für Risikobewertung (BfR) Berlin mit einigen PFGE-Daten verglichen, die aus Humanisolaten bzw. tierischen Isolaten stammten. Es wurden jedoch keine Übereinstimmungen mit dort bereits erfassten Stämmen gefunden.

Des weiteren wurden die PFGE-Muster der untersuchten Proben mit PFGE-Mustern verglichen, die im Rahmen des „foodborne-net" (Forschungsnetzwerk „Lebensmittelinfektionen in Deutschland") bzw. Geman PulseNet, erhoben worden waren und im Internet veröffentlicht waren. Diese Vergleiche mit PFGE-Daten von Humanisolaten (Erkrankungsproben bekannter Ausbrüche) ergaben eine weitgehende Übereinstimmung der Probe Nr.8 mit dem PFGE-Muster eines Salmonella Typhimurium-Stammes (S. Typhimurium LT2). Bei der Probe 8 handelte es sich um ein Lebensmittelisolat, das bisher noch nicht als Serovar typisiert worden war. Der Vergleich mit den bekannten PFGE-Daten legt die Vermutung nahe, dass es sich ebenfalls um das Serovar Salmonella Typhimurium handeln könnte (Abb.8)

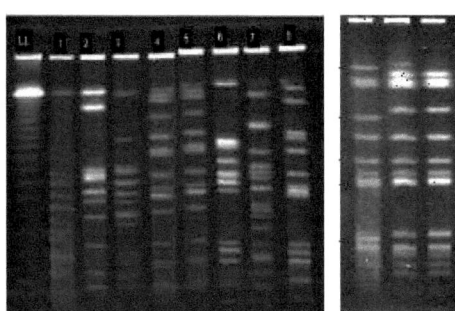

Abb. 8: Gelbild der PFGE für *Salmonella spp.* (2.Probenserie) nach der Foodborne-Net-Methode. Vergleich mit veröffentlichten PFGE-Mustern aus dem www.foodborne-net.de -Projekt „German PulseNet" (German PFGE-Netzwerk). Das PFGE-Muster der Probe 8 stimmt im Wesentlichen überein mit dem vom „German PulseNet" als Salmonella Typhimurium LT2 charakterisierten Stamm.

links: LL = Größenstandard, 1 = Salmonella Paratyphi B, 2 = Salmonella Livingstone, 3 = Salmonella Indiana, 4 = Salmonella Sofia, 5 = Salmonella Sofia, 6 = Salmonella Typhimurium, 7 = unbekanntes Isolat, 8 = unbekanntes Isolat

rechts: S = Salmonella Typhimurium LT2, 1 = PFGE-Proben (foodborne – net) 2 = PFGE-Proben (foodborne-net)

Des weiteren wurden Vergleiche der PFGE-Bandenmuster der ersten Probenserie mit den PFGE-Bandenmustern der zweiten Probenserie gezogen. Hier ergaben sich allerdings keine Übereinstimmungen.

3.2 Nachweis von *Campylobacter jejuni* und *Campylobacter coli*

3.2.1 PCR und Real-Time PCR für *C. jejuni* und *C. coli*

Ein Verfahren zum Nachweis von *C. jejuni* und *C. coli* durch Amplifizierung spezifischer Gensequenzen wurde bereits vor einigen Jahren in Zusammenarbeit mit dem CVUA Freiburg entwickelt und publiziert (Anonymous 2000a). Das Verfahren beruht auf der Amplifikation und Detektion eines Sequenzabschnitts des Flagellin-Gens von Campylobacter. Das Flagellin-Gen ist am Aufbau der Geißel beteiligt, die dem Organismus seine aktive Beweglichkeit verleiht und ist möglicherweise an dem Prozess der Adhäsion an die Wirtszelle beteiligt.

Ebenso wie beim Salmonellen-Nachweis gliedert sich die Methode in die beschriebenen vier Schritte: kulturelle Anreicherung, Nukleinsäureextraktion, Amplifikation der gesuchten Sequenz in der PCR und Detektion. Als Methode zur DNA-Extraktion für die Untersuchung der Voranreicherungen aus Lebensmittelproben wurde ein kommerzieller Kit (Qiagen-DNeasy-tissue Kit) eingesetzt. Ausgehend von der veröffentlichten Methode (Anonymous 2000a) wurde der Sequenzabschnitt des PCR-Nachweissystems modifiziert. Im Rahmen des vorliegenden Projektes wurde das Primer-System verändert und eine eigene spezifische Real-Time PCR-Sonde entwickelt. Das Nachweissystem wurde sowohl als PCR (mit Agarosegeldetektion) als auch als Real-Time-PCR etabliert.

3.2.2 Entwurf und Optimierung des Primer-Sonden-Systems

In einem Alignment wurden anhand von Genbank-Einträgen bekannte Sequenzen des *flaA*-Gens von Campylobacter miteinander verglichen. Anhand dieser Aufstellung konnten entsprechend der in 2.9.4 (und Tab. 2) beschriebenen Kriterien geeignete Primer-Sonden-Systeme gewählt werden. Zunächst wurden verschiedene Primer-Sonden-Systeme entworfen und ihre jeweiligen Parameter mit der in Tab. 2 genannten Software kalkuliert. Alle gewählten Primer und Sonden wurden in einer Datenbank-Recherche (s. Tab. 2) auf ihre theoretische Spezifität geprüft. Solche

Primer- und Sondensequenzen, die den erforderlichen Kriterien entsprachen, wurden in der Real-Time PCR experimentell ausgetestet. Dabei wurde der Vorwärts-Primer des Nachweissystems von Oyofo (1992) leicht modifiziert verwendet, dazu ein neuer reverser Primer und eine neue Sonde für die Real-Time PCR konstruiert.

Dazu wurden zunächst nur die Primer-Systeme mit Hilfe der SYBR-Green-Methode auf ihre Eignung für die Real-Time PCR überprüft und durch Modifikationen der $MgCl_2$-Konzentration und der Primerkonzentration optimiert. Das System, das die besten Signalkurven hinsichtlich Signalintensität, Steigung der Kurve und hinsichtlich möglichst niedriger C_t-Werte einer definierten Template-DNA-Konzentration erbrachte, wurde ausgewählt, s. Tab. 15.

Tab 15: Primer- und Sondensystem für den Real-Time PCR Nachweis von *C. jejuni* und *C. coli*. Das Produkt aus den Primern ist 197bp groß.

flaA AW 50 fw	5´- ATg ggA TTT CgT ATT AAC AC - 3´
flaA AW 5 re	5´- gAT ATA gCT TgA CCT AAA gTA - 3´
Sonde flaA AW	5´- CTA TCg CCA TCC CTg Aag CAT CAT CTg – 3

In Abb. 9 ist beispielhaft der Einfluss der Magnesiumionenkonzentration auf die Signalkurven eines untersuchten Primer-Systems dargestellt. Eine optimale Magnesiumionenkonzentration ist dann erreicht, wenn hohe Signalintensitäten und gleichzeitig steile Kurven erzielt werden, d.h. die exponentiellen Phasen möglichst weit nach links verschoben sind. Dies weist auf eine hohe Amplifikationseffizienz hin. Je besser die Parameter optimiert sind umso niedriger liegen auch die C_t-Werte für eine definierte Template-DNA-Konzentration.

Für die $MgCl_2$-Konzentration lag experimentell ermittelt die optimierte Konzentration bei 3 mM.

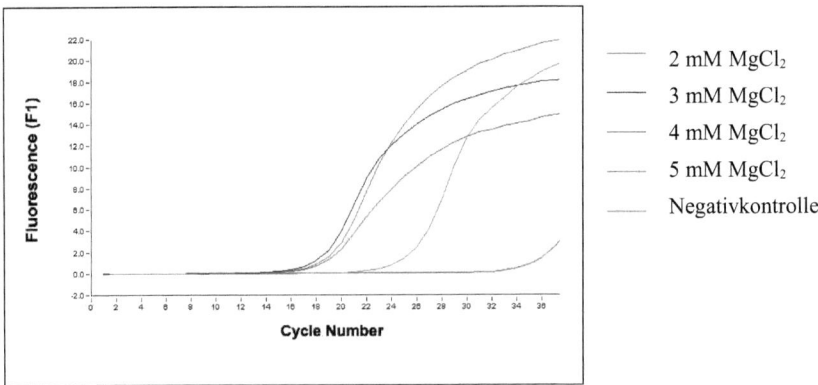

Abb. 9: Optimierung eines Primer-Systems für *C. jejuni* und *C. coli* durch Modifikation der $MgCl_2$-Konzentration. Eine hohe Signalintensität wird mit 4 mM $MgCl_2$ erreicht, während mit 2 mM bzw. 3 mM steilere Kurven erzielt werden. Niedrige C_t-Werte bei der vorliegenden Template-Konzentration werden mit 3 mM - 5 mM $MgCl_2$ erreicht. Eine optimale $MgCl_2$-Konzentration nach diesen Ergebnissen könnte bei 3 - 4 mM liegen. Weitere Daten ergaben eine optimale $MgCl_2$-Konzentration bei ca. 3 mM.

Anschließend erfolgte in Kombination mit der Real-Time PCR Sonde eine weitere Optimierung des am besten geeigneten Systems für die Real-Time PCR. Dabei wurden die Sondenkonzentration und die Annealingtemperatur variiert. Ausgewählt wurde schließlich die Kombination von Primern und Sonde und die Konzentration der Reaktionskomponenten bzw. die Annealingtemperatur, die auf die höchste Amplifikationseffizienz hin optimiert war.

3.2.3 Spezifität der Real-Time PCR für *C. jejuni* und *C. coli*

Die Spezifität des Primer-Systems und der Sonde für *C. jejuni* und *C. coli* wurde anhand von 122 Stämmen und Isolaten überprüft. Es wurden 58 DNAs von *C. jejuni* und *C. coli* untersucht (Target-Stämme) und als Kontrolle 64 Stämme anderer Spezies (Nicht-Target-Stämme). Alle getesteten Target-Stämme ergaben ein positives Signal in der Real-Time PCR, während alle Nicht-Target-Stämme ein negatives

Ergebnis erzielten. Die Spezies der untersuchten Nicht-Target-Stämme sind in der Tab. 16 aufgelistet

Tab. 16: Nicht-Target-Stämmen, die für die Ermittlung der Spezifität (Exklusivität) der Real-Time PCR für *C. jejuni* und *C. coli* verwendet wurden. Alle Nicht-Target-Stämme waren in der Real-Time PCR negativ.

Verwendete Nicht-Targetstämme		
Campylobacter lari	*Listeria innocua*	Salmonella Newport
Campylobacter fetus	*Listeria monocytogenes*	Salmonella Paratyphi
Cedecea davisae	*Listeria ivanovii*	Salmonella Typhi
Citrobacter freundii	*Listeria seeligeri*	Salmonella Typhimurium
Edwardsiella tarda	*Listeria welshimeri*	*Serratia marcescens*
Enterobacter aerogenes	*Proteus mirabilis*	*Shigella boydii*
Enterobacter avium	*Providencia stuartii*	*Shigella dysenteriae*
Enterobacter cloacae	*Proteus vulgaris*	*Shigella flexneri*
Enterobacter tarda	*Pseudomonas aeruginosa*	*Shigella sonnei*
Enterococcus faecium	*Pseudomonas fluorescens*	*Streptococcus mutans*
Enterococcus hirae	*Pseudomonas putida*	*Vibrio cholerae*
E. coli	Salmonella Agona	*Vibrio damsella*
E. coli O 157	Salmonella Arizonae	*Vibrio mimicus*
Escherichia hermanii	Salmonella Bongori	*Vibrio parahaemolyticus*
Hafnia alvei	Salmonella Brandenburg	*Vibrio proteolyticus*
Klebsiella pneumoniae	Salmonella Enteritidis	*Yersinia enterocolitica*
Legionella pneumophila	Salmonella Hadar	*Yersinia intermedia*
Listeria grayi	Salmonella Infantis	

3.2.4 Sensitivität der PCR und der Real-Time PCR für *C. jejuni* und *C. coli* (Nachweisgrenze)

Die Sensitivität des gewählten Primer- und Sonden-Systems wurde anhand von DNA-Verdünnungsreihen von Reinkulturen von *C. jejuni* und *C. coli* mit der qualitativen PCR (ohne Sonde) und der Real-Time PCR mit der spezifischen Sonde untersucht.

In der qualitativen PCR mit anschließender Agarosegeldetektion sind bis zu ca. 5 Kopien (ca. 50 fg) *C. jejuni*-DNA und ca. 50 Kopien (ca. 500 fg) *C. coli*-DNA pro Ansatz sicher nachweisbar. Beim Einsatz von 50 fg pro Reaktionsansatz ergaben jeweils 5 / 5 Replikaten ein positives Ergebnis (s. Abb. 10).

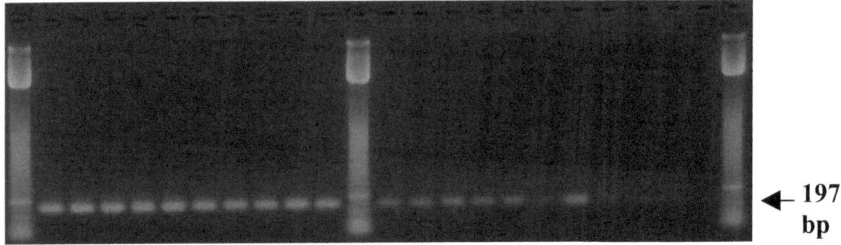
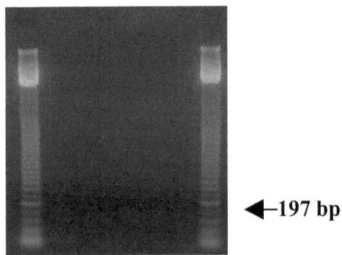

Abb. 10: Sensitivität der PCR für *C. jejuni* und *C. coli*. Agarosegel-Aufnahme einer PCR mit genomischer DNA von *C. jejuni*; je 5 Replikate pro Verdünnungsstufe:
Gezeigte Verdünnungsreihe: 1-5 = 50 pg, 6-10 = 5 pg, 11-15 = 500 fg, 16-20 = 50 fg, 21-26 = 5 fg *C. jejuni* pro Reaktionsansatz; 27 = Negativkontrolle, G = Größenmarker

Die experimentell bestimmte Nachweisgrenze für *C. jejuni* und *C. coli* für die Real-Time PCR lag bei ca. 5 Kopien (50 fg) (Abb. 11). Die Real-Time PCR ergab mit 10 / 10 Replikaten von *C. jejuni* und 6 / 6 Replikaten von *C. coli* bei ca. 5 Kopien ein positives Signal.

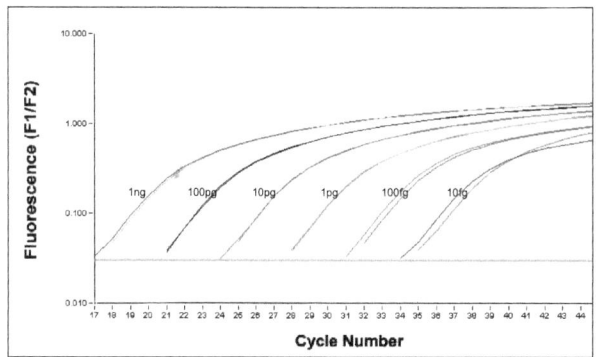

Abb. 11: Sensitivität der Real-Time PCR für *C. jejuni* und *C. coli*: Real-Time PCR mit genomischer DNA von *C. jejuni* mit dem LightCycler (Roche Diagnostics). Dargestellt sind die Signalkurven einer Verdünnungsreihe von 1 ng - 10 fg *C. jejuni* -DNA pro Reaktionsansatz. Bis zu einer 10^{-5}-fachen Verdünnung ergeben alle Stufen ein deutlich positives Signal.

3.2.5 Validierung der Real-Time PCR für *C. jejuni* und *C. coli* im Vergleich zur kulturellen Nachweismethode anhand natürlich kontaminierter Proben (Relative Sensitivität und Relative Spezifität)

Mit der Real-Time PCR für *C. jejuni* und *C. coli* wurden parallel zur kulturellen Methode (Anonymous 1995, Anonymous 2006a) Lebensmittelproben untersucht. Es handelte sich dabei um Geflügel (Huhn, Ente, Pute, Gans), Fleisch (Schwein, Rind, Wild) und Fleischerzeugnisse, Fisch, Meeresfrüchte, Käse, Müsli und Fertigprodukte. Die Ergebnisse des Vergleichs sind in Tab. 17 dargestellt. Der Nachweis von *C. jejuni* und *C. coli* ergab mit beiden Methoden bei 44 Proben ein positives Resultat. 52 der 97 Proben waren jeweils mit beiden Methoden negativ für *C. jejuni* und *coli*. In einer Probe konnte mit der kulturellen Methode kein Campylobacter nachgewiesen werden, während die Real-Time PCR ein positives Ergebnis zeigte. Bei dieser Probe ergab ein Test mit dem VIDAS®R-System ebenfalls ein positives Ergebnis.

Tab. 17: Analyse von Lebensmittelproben auf *C.jejuni* und *C. coli* mit der Real-Time PCR im Vergleich zur kulturellen Referenzmethode

		Real-Time PCR		
		positiv	negativ	inhibiert
Referenzmethode	positiv	44	0	0
(kultureller	negativ	1	52	0
Nachweis)	inhibiert	0	0	0
	gesamt		97	

3.2.6 Methodenvergleich der Real-Time PCR für *C. jejuni* und *C. coli* und der kulturellen Nachweismethode anhand artifiziell kontaminierter Proben (Dotierungsexperimente)

Die Real-Time PCR für *C. jejuni* und *C. coli* wurde der Referenzmethode, dem kulturellen Nachweis thermophiler Campylobacter (Anonymous 1995, Anonymous 2006c), gegenübergestellt. Dazu wurden beide Methoden zum Nachweis von *C. jejuni* in dotierten Lebensmittelproben eingesetzt und so die Vergleichbarkeit der molekularbiologischen Methode mit der kulturellen Methode ermittelt. Für das Experiment wurde pasteurisierte Vollmilch und Schweinehackfleisch mit definierten Konzentrationen einer Reinkultur von *C. jejuni* inokuliert. Je 5 Probenansätze wurden mit einer Suspension inokuliert, die eine geschätzte Konzentration von ca. 1 cfu, 5 cfu und 10 cfu *C. jejuni* pro 25 g Lebensmittel enthielt. Die tatsächliche Höhe der Dotierung wurde durch Auszählung der KBE nach Ausplattieren auf Selektivmedien mit dem Plattenverfahren ermittelt. Die tatsächliche Höhe der Dotierung betrug für die drei Dotierungsniveaus für beide Lebensmittel jeweils (errechnete) 0,4 cfu / 25 g;

2cfu / 25 g und 4 cfu / 25 g (Tab.18).

Nach einer Anreicherung von 48 h erfolgte die DNA-Extraktion aus den Anreicherungen und die Real-Time PCR bzw. der kulturelle Nachweis thermophiler Campylobacter. Beide Lebensmittel wurden vor Dotierung jeweils negativ auf Campylobacter getestet und ca. 72 h bei +4 - 8°C gelagert, um eine realistische Hintergrundflora zu erzielen. Bei allen Proben wurde die Höhe der Hintergrundflora bestimmt: Bei der Vollmilch lag die mesophile aerobe Gesamtkeimzahl bei über 2×10^6 cfu/ g, beim Schweinehackfleisch bei ca. $1,4 \times 10^7$ cfu/ g. Die weiteren Angaben zur Hintergrundflora sind in Tab. 18 angegeben.

Tab. 18: Hintergrundflora der Lebensmittelproben (Vollmilch und Schweinehackfleisch), die für die Dotierungsversuche mit *C. jejuni* verwendet wurden (n.b. = nicht bestimmt)

Keimgruppe	Vollmilch	Schweinehackfleisch
Mesophile aerobe Gesamtkeimzahl	$> 2,0 \times 10^6$ cfu/ g	$1,4 \times 10^7$ cfu/ g
Koagulase positive Staphylokokken	$< 1,0 \times 10^2$ cfu/ g	$< 1,0 \times 10^2$ cfu/ g
Coliforme Keime	$< 1,0 \times 10^2$ cfu/ g	n.b.
Pseudomonaden	$2,0 \times 10^2$ cfu/ g	$5,1 \times 10^6$ cfu/ g
Hefen	$< 2,0 \times 10^6$ cfu/ g	$1,0 \times 10^4$ cfu/ g
Säuretolerante Laktobazillen	n.b.	$8,0 \times 10^3$ cfu/ g
Enterobacteriaceae	n.b.	$1,4 \times 10^4$ cfu/ g
E. coli	n.b.	$< 1,0 \times 10^2$ cfu/ g
Salmonella spp	n.b.	negativ in 10 g
Listeria monocytogenes	n.b.	negativ in 10 g
E. coli O157	n.b.	negativ in 25 g
Campylobacter spp.	negativ in 25 g	negativ in 25 g

Die Ergebnisse der Real-Time PCR stimmten mit den Ergebnissen der kulturellen Methode in allen Proben überein. Von den beiden niedrigsten Dotierungsniveaus (0,4 cfu / 25 g) konnten beim Hackfleisch einer von fünf und bei der Vollmilch drei von fünf Ansätzen kulturell und mit Real-Time PCR nachgewiesen werden. Von dem mittleren Dotierungsniveau (2 cfu / 25 g) konnten beim Hackfleisch einer von fünf Ansätzen und bei der Milch alle Ansätze mit beiden Nachweismethoden detektiert werden. Bei dem Dotierungsniveau von 4 cfu / 25 g konnten beim Hackfleisch drei von fünf und bei der Milch alle Ansätze mit beiden Methoden nachgewiesen werden. (s.Tab. 19). Für den Nachweis von weniger als fünf Keimen pro 25 g Lebensmittel nach Anreicherung stimmte somit die Sensitivität der Real-Time PCR mit der der kulturellen Methode überein.

Tab. 19: Relative Sensitivität der Real-Time PCR für *C. jejuni* und *C. coli*. Ergebnisse des Methodenvergleichs mit künstlich kontaminierten Lebensmittelproben. Dargestellt sind die Ergebnisse der Real-Time PCR und des kulturellen Nachweises bei verschiedenen Dotierungsniveaus.

Lebensmittel	Konzentration der Dotierung	Proben-anzahl	positiv mit kulturellem Nachweis	positiv mit Real-Time PCR
Pasteurisierte Vollmilch	0,4 cfu / 25 g	5	3	3
	2 cfu / 25 g	5	5	5
	4 cfu / 25 g	5	5	5
Schweine-hackfleisch	0,4 cfu / 25 g	5	1	1
	2 cfu / 25 g	5	1	1
	4 cfu / 25 g	5	3	3

Mehrere Dotierungen des gleichen Lebensmittels mit sehr niedrigen Konzentrationen führen nach Anreicherung in der Regel zu einem Teil positiver und einem Teil negativer Proben.

Die Proben wurden anschließend an die Real-Time PCR zusätzlich mit der qualitativen PCR mit Agarosegel untersucht. Die Ergebnisse der PCR (mit Qiagen-DNA-Extraktion) stimmten vollständig mit den Ergebnissen der Real-Time PCR und dem kulturellen Nachweis überein.

3.2.7 Berechnung der Validierungsparameter der Real-Time PCR für *C. coli* und *C. jejuni*

Aus den Ergebnissen der vergleichenden Untersuchungen der Real-Time PCR und der kulturellen Methode zum Nachweis von *C. coli* und *C. jejuni* anhand natürlich kontaminierter Proben (3.2.5) wurden die Werte für die Validierungsparameter errechnet (s. Tab. 20). Als Grundlage der Berechnung dienten die Werte aus Tabelle 17.

Tab. 20: Auswertung der Berechnung der Validierungsparameter für die Nachweismethode von *C. jejuni* und *C. coli* mit der Real-Time PCR

Validierungsparameter	Wert
Untersuchte Proben	96
Spezifität im Vergleich zur Referenzmethode	98,1 %
Sensitivität im Vergleich zur Referenzmethode	100 %
Falsch-Positive Rate	1,88 %
Falsch-Negative Rate	0 %
Statistische Übereinstimmung, Kappa	0,98 , d.h. fast vollständige Übereinstimmung

3.3 Nachweis von *Listeria monocytogenes* mit PCR und Real-Time PCR

Für den Nachweis von *Listeria monocytogenes* wurde von Scheu et al. ein PCR-Verfahren entwickelt, das bereits vom BVL (Bundesamt für Verbraucherschutz und Lebensmittelsicherheit) im Rahmen der §35-Arbeitsgruppe (jetzt §64 LFGB) erprobt und in einem Ringversuch validiert wurde (Scheu 1999, Anonymous 2002g). Hierbei wird eine Sequenz aus dem Metalloprotease-Gen *(mpl)* nachgewiesen. An die PCR schließt sich eine spezifische Detektion des amplifizierten Fragments über eine Hybridisierungssonde an. Ein weiteres, gleichartiges Verfahren, das auf dem Nachweis des alpha-Hämolysin-Gens *(hlyA)* beruht, wurde von Furrer (1991) und Niederhauser (1992) entwickelt. Dieses Verfahren wurde ebenfalls im Rahmen der §35-Arbeitsgruppe erprobt und empfohlen (Anonymous 2002g).

Die Spezifität dieser Methoden wurde bereits anhand von DNAs von Target- und Nicht-Target-Stämmen ermittelt und ist in der Literatur wie folgt angegeben: Das PCR-System zum Nachweis des *mpl*-Gens wurde anhand von 103 Target-Stäm-men getestet und gegen 33 Stämme der Vertreter *L. welshimeri*, *L. seeligeri*, *L. innocua*, *L. grayi* und *L. ivanovii* sowie gegen 40 weitere Nicht-Targetstämme überprüft. Alle Targetstämme wurden als positiv und alle Nicht-Targetstämme als negativ erkannt. Das PCR-System zum Nachweis des hlyA-Gens wurde anhand von 98 Target-Stämmen und 26 Nicht-Targetstämmen des Genus Listeria getestet (Furrer 1991, Niederhauser 1992). Auch hier wurden alle Targetstämme als positiv und alle Nicht-Targetstämme als negativ erkannt. Sechs weitere Nicht-Targetstämme anderer Gattungen wurden getestet und alle als negativ erkannt.

Laut Literaturangaben beträgt die Nachweisgrenze für *L. monocytogenes* mit den Primern für das *mpl*-Gen ca. 2 - 10 Kopien (10 - 50 fg) (Scheu 1999) und mit den Primern für das *hlyA*-Gen ca. 10^3 cfu/ ml Anreicherungskultur (Furrer 1991, Niederhauser 1992).

Mit diesen Verfahren wurden für das vorliegende Projekt mehrere nach selektiver Anreicherung isolierte Subkulturen im Vergleich zur kulturellen, klassisch-mikrobio-logischen Methode untersucht. Die Isolate stammten von einer Lebensmittelprobe mit

Verdacht auf *L. monocytogenes*. Als kulturelles Nachweisverfahren wurde die Methode aus §64 LFGB (Anonymous 2002h) verwendet. Die DNA-Extraktion aus der Anreicherungskultur erfolgte mit dem Qiagen-DNeasy-Tissue-Kit. Daran anschließend wurde mit den Proben eine qualitative PCR mit dem oben beschriebenen Nachweis von Scheu (1999) durchgeführt.

Dieselben Proben wurden ebenfalls mit der Real-Time PCR im LightCycler untersucht, basierend auf dem beschriebenen System, das zusätzlich mit einer spezifischen Sonde für die Real-Time PCR kombiniert wurde. Die Sonde basiert auf der von Scheu (1999) publizierten Sonde, die dort als Hybridisierungssonde für die Detektion mit dem Farbstoff Digoxigenin verwendet wurde. Sie wurde in der vorliegenden Arbeit modifiziert und verlängert, um als Sonde für die Real-Time PCR eingesetzt werden zu können.

Um die Spezifität des Nachweissystems für die Anwendung im Rahmen des Projektes zu bestätigen, wurde aus Vertretern sämtlicher Listeria-Spezies (*L. innocua*, *L. ivanovii*, *L. grayi*, *L. welshimeri* und *L. seeligeri*) DNA isoliert. Mit diesen Referenz-DNA-Proben wurde eine PCR mit anschließender Agarosegeldetektion durchgeführt. Hierbei zeigte sich, dass mit dem verwendeten Nachweissystem *L. monocytogenes* sicher gegen die anderen Spezies der gleichen Gattung differenziert werden konnte.

Insgesamt wurden acht Proben aus verschiedenen Subkulturen, die aus Lebensmittelproben isoliert worden waren, mit qualitativer PCR und mit Real-Time-PCR getestet. Die Untersuchung ergab übereinstimmend bei allen Proben negative Ergebnisse für *L. monocytogenes*. Mit diesen Resultaten konnten die Ergebnisse der kulturellen Analytik bestätigt werden. Da die molekularbiologischen und immunologischen Verfahren zum Nachweis von *Listeria* spp. in Lebensmitteln von Kooperationspartnern an der Bundesforschungsanstalt für Ernährung (BfE), und am Chemischen und Veterinäruntersuchungsamt Karlsruhe (im Rahmen eines Forschungsprojektes) weitergehend entwickelt und etabliert werden sollten, wurde im Rahmen des vorliegenden Projektes keine Vertiefung des Themas vorgenommen.

3.4 Paralleler Nachweis von *Salmonella* spp., *Listeria mon*ocytogenes und thermophilen Campylobactern mit der Micro-Array-Technologie (Nutri®Chip)

Mit der Microarray-Technologie können simultan die Nachweise mehrerer verschiedener pathogener Keime in einer Probe durchgeführt werden. Ein speziell für die Lebensmittelanalytik entwickelter Biochip (Nutri®Chip) kann zum parallelen Nachweis von *Salmonella* spp., *L. monocytogenes* und *C. coli* und *C. jejuni* angewendet werden. Der Biochip stellt einen miniaturisierten Träger dar, auf dem spezifische DNA-Sonden in hoher Anzahl und in definierter Anordnung (als sog. Microarray) fixiert sind. Zum Nachweis der pathogenen Keime aus einer Lebensmittelprobe wird zunächst eine Multiplex-PCR mit mehreren Nachweissystemen in einer Reaktion durchgeführt. Anschließend können anhand der spezifischen Sonden, die auf dem Biochip in definierter Anordnung immobilisiert sind, die verschiedenen PCR-Amplifikate erkannt werden (s. 2.11). Die PCR-Amplifikate werden durch enzymatischen Verdau einzelsträngig gemacht und auf dem Biochip hybridisiert. Wenn ein Amplifikat und die dazu passende Sonde auf dem Biochip hybridisieren, so wird nach Färbung des Chips mit Streptavidin-Cy5 an dieser Stelle ein positives Fluoreszenzsignal erzielt. Dieses Signal kann mit dem Lesegerät gemessen und sichtbar gemacht werden (Abb. 12 und Abb. 13).

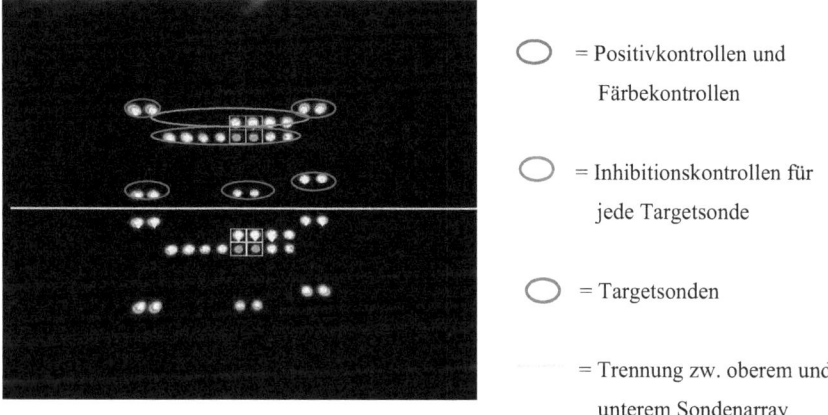

Abb. 12: Aufnahme der Fluoreszenzsignale eines Biochips nach Hybridisierung mit einer Probe, die *L. monocytogenes* enthielt. Auf einem Biochip sind 2 gleiche Sondenarrays untereinander angeordnet:
- alle Sonden sind doppelt vertreten: von links nach rechts: *Salmonella* spp., *C. coli / jejuni*, *L. monocytogenes* I, *L. monocytogenes* II
- in den Ecken befinden sich Positivkontrollen
- Von den zwei mittleren Sondenreihen, stellt die obere Reihe die Target-Sonden dar, während direkt darunter für jeden Zielorganismus eine Inhibitionskontrolle vorhanden ist. Im Raster befinden sich die Target- und Kontroll-Sonden für einen *L. monocytogenes*-Nachweis. Die Aufnahme zeigt die positiven Fluoreszenzsignale für *L. monocytogenes* I und *L. monocytogenes* II-Sonden nach erfolgter Hybridisierung mit einer Lebensmittelprobe, die *L. monocytogenes* enthielt.

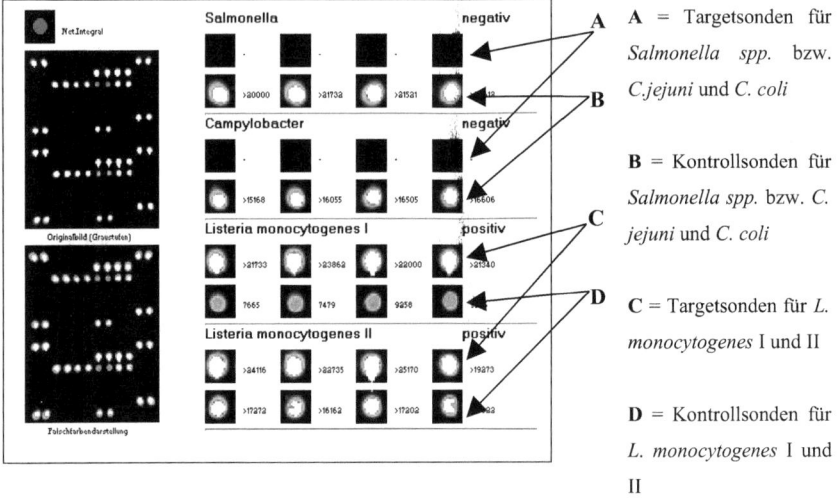

Abb. 13: Auswertung des Biochips aus Abb.12: Für *Salmonella spp* und *C. coli* bzw. *jejuni* befindet sich jeweils ein Sondensystem auf dem Biochip, für *L. monocytogenes* sind es zwei Systeme. Auf dem gezeigten Auswerteschema werden links zwei Aufnahmen des Biochip dargestellt (Schwarz-Weiß und Falschfarben-Darstellung) und daneben ein Auswerteschema für die Target- und Kontroll-Sonden der auf dem Biochip befindlichen Nachweissysteme.

Im Fall einer negativen Probe, ist das Signal der jeweiligen Target-Sonde negativ und die Inhibitions-Kontrollsonde zeigt ein positives Ergebnis. Ist eine Probe für einen Zielorganismus positiv, so zeigen Target-Sonde und Kontrollsonde ein positives Signal.

Bei vorliegendem Biochip sind im Auswerteschema keine Signale für die Target-Sonden von *Salmonella* spp. und *C. coli* bzw. *jejuni* zu sehen (**A**), die jeweiligen Kontrollsonden zeigen positive Signale (**B**). Dies bedeutet, dass in der vorliegenden Lebensmittelprobe kein *Salmonella spp* und kein *C. coli* bzw. *jejuni* nachweisbar sind.

Die Target-Sonden für *L. monocytogenes* I und *L. monocytogenes* II zeigen positive Signale (**C**) ebenso wie deren Inhibitions-Kontrollsonden (**D**). Dies bedeutet ein positives Resultat für *Listeria monocytogenes* in der vorliegenden Probe.

Mit dem Nutri®Chip wurden DNA-Extrakte aus Anreicherungen von Lebensmittelproben auf Anwesenheit von *Salmonella* spp., *C. coli* bzw. *C. jejuni* und

L. monocytogenes getestet. Für die einzelnen Keime wurden folgende Nachweisgrenzen bestätigt: Es konnten für *Salmonella* spp. und *L. monocytogenes* bis zu ca. 100 cfu/ ml nach Voranreicherung sicher nachgewiesen werden und für *C. coli* bzw. *C. jejuni* bis zu ca. 10^3 cfu/ ml.

3.5 Interne Amplifikationskontrollen für die PCR und die Real-Time PCR

Beim Nachweis von Keimen aus Voranreicherungskulturen mit PCR und Real-Time PCR sind Positivkontrollen für die Amplifikation unerlässlich. Zur Vermeidung falsch-negativer Ergebnisse sollten für jede einzelne Nukleinsäureextraktion geeignete Inhibitionskontrollen mitgeführt werden, um die Amplifizierbarkeit der isolierten DNA zu überprüfen.

Für die im vorliegenden Projekt entwickelten Real-Time PCR Methoden wurde ein internes Positivkontrollsystem (IPC) basierend auf einem Gen aus Nicotiana tabacum entworfen (Sequenzen s. Kap. 2.9.4). In Abbildung 14 sind die einzelnen Schritte der Konstruktion der IPC dargestellt.

Für die Wahl der Primer- und Sondensequenzen wurden die in Kap. 2.7. beschriebenen Kriterien angewandt.

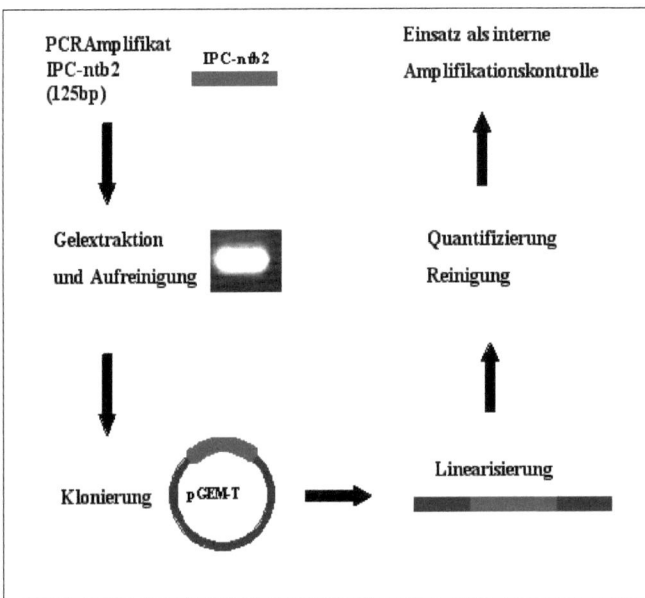

Abb. 14: Konstruktion einer internen Amplifikationskontrolle IPC-ntb2

Die Target-Sequenz IPC-ntb2 hatte eine Größe von 125 bp und wurde über einen

Abgleich mit dem Programm BLAST (Basic Local Alignment Search Tool, s. Tab. 2) daraufhin überprüft, ob sie sich als IPC eignete oder ob mit den gewählten Primer-Sonden-Sequenzen ggf. irgendwelche unerwünschten Sequenzen (z.b. aus Lebensmitteln oder Keimen, die in Lebensmitteln vorkommen) amplifiziert wurden. Derartige Kreuzreaktionen konnten so ausgeschlossen werden.

Das Nachweis-System wurde mit einer HEX-TAMRA markierte Sonde versehen. Durch die Fluoreszenzmarkierung mit einem anderen Farbstoff als dem der Target-Sonde, konnte der Nachweis im gleichen Ansatz mit der nachzuweisenden Target-Sequenz stattfinden.

Das Fragment, das durch die IPC nachgewiesen wird, sollte in möglichst geringer, dennoch stabil nachzuweisender Menge dem Reaktionsmix zugesetzt werden können. Damit dies in kontrollierter Weise stabil und langfristig vorgenommen werden konnte, wurde das Fragment in *E. coli* kloniert. Nach der erfolgreichen Klonierung, die durch eine Sequenzierung der erhaltenen Plasmid-DNAs überprüft worden war, wurde es linearisiert durch einen Restriktionsverdau mit Acc I und anschließend aufgereinigt.

Mit Hilfe mehrerer Versuchsreihen wurde dann eine definierte, geeignete Konzentration für den Einsatz in der Real-Time PCR empirisch ermittelt. Da eine hohe Konzentration der IPC im Duplex-Ansatz mit dem Nachweissystem einen Einfluss auf dessen Sensitivität haben kann, musste die Konzentration der IPC als Inhibitionskontrolle optimiert werden. Es wurde eine möglichst geringe Konzentration gewählt, bei der jedoch noch eine stabile PCR-Amplifikation stattfindet. Für das vorliegende Projekt wurden Verdünnungsreihen des IPC-ntb2-Plasmids erstellt (z.B. 1000, 100, 10, 5, 1 Kopien/ µl) und in der Real-Time PCR alleine und in Kombination mit dem Nachweissystem für *C. coli* und *C. jejuni* und dem Nachweis für *Salmonella* spp. getestet. Die Real-Time PCR mit Replikaten verschiedener Verdünnungsstufen der IPC zeigte zunächst, dass der Einsatz von ca. 50 Kopien (Plasmid-DNA) der IPC in Abwesenheit von inhibitorischen Komponenten eine stabile Amplifikation gewährleistete (Abb. 15).

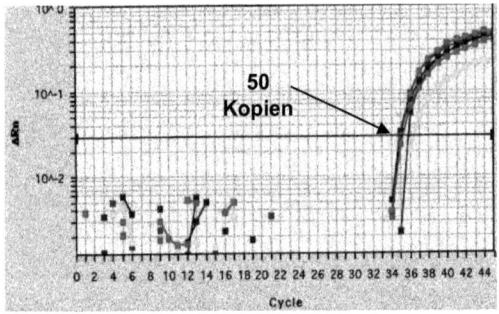

Abb. 15: Interne Amplifikationskontrolle (IPC-ntb2): 50 Kopien IPC-Template pro PCR-Reaktion erzielen eine stabile Amplifikation in der Real-Time PCR.

In weiteren Ansätzen wurde geprüft, ob der Einsatz von 50 Kopien IPC-Template pro Reaktion einen Einfluss auf die Sensitivität der Nachweissysteme von *Salmonella* spp. und *C. coli* bzw. *C. jejuni* nimmt. Dafür wurde die Real-Time PCR mit jeweils drei Replikaten der einzelnen Stufen einer dezimalen Verdünnungsreihe von Salmonella Typhimurium-DNA bzw. *C. coli* und C. *jejuni* - DNA mit und ohne Zusatz von 50 Kopien IPC durchgeführt.

Für das Salmonella-Nachweissystem blieb die Nachweisgrenze auch mit IPC im Duplex-Ansatz bei ca. 10 Kopien (bzw. 100 fg) pro Reaktion. Dagegen war bei der Real-Time PCR für *C. coli* und *C. jejuni* mit 50 Kopien IPC pro Reaktion eine deutliche Abnahme der Sensitivität zu verzeichnen. Die Nach-weisgrenze ohne IPC lag bei ca. 5 Kopien (ca. 50 fg), während sie mit IPC auf ca. 5×10^4 Kopien anstieg. Die Interne Amplifikationskontrolle (IPC) wurde im Duplex-Ansatz parallel zum Einzel-PCR-Ansatz mit externer Amplifikationskontrolle auch beim Nachweis von *C. coli* und *C. jejuni* - Isolaten aus Lebensmittelanreicherungen ausgetestet. Dabei zeigte sich eine verringerte analytische Sensitivität bei den Duplex-Ansätzen. D.h. die Verwendung der IPC als interne Kontrolle für den Nachweis thermophiler Campylobacter erfordert eine weitergehende Etablierung, während sie sich für den Nachweis von *Salmonella* spp. als hervorragend geeignet erwies.

4 Diskussion

4.1 Nachweis von *Salmonella* spp. mit qualitativer PCR und Real-Time PCR und Vergleich mit der kulturellen Methode

In der vorliegenden Arbeit wurde zunächst die qualitative Polymerasekettenreaktion zum Nachweis von *Salmonella* spp. mit bereits publizierten Primern (Rahn 1992) als spezifische und sensitive Methode etabliert. Das von Rahn (1992) für das Nachweissystem gewählte *invA* Gen von *Salmonella* spp. gehört zu der Genfamilie *invA-invD*, deren Genprodukte den Bakterienzellen das Eindringen in Epithelzellen ermöglichen. Dieses Target hat sich bislang für den molekularbiologischen Nachweis als stabil und spezifisch und damit gut geeignet erwiesen. Bei einer Untersuchung von 630 Salmonella Stämmen und 142 Nicht-Salmonella-Stämmen wurde für dieses Primersystem eine Spezifität von 99,4% erzielt (Rahn 1992). In eigenen Untersuchungen wurde anhand von 71 getesteten Salmonella- und 44 Nicht-Salmonella-Stämmen eine Spezifität von 100% ermittelt.

Mit der Methode konnten experimentell ein bis zehn Genomkopien (ca. 5-50 fg pro Reaktionsansatz) von *Salmonella* pro Ansatz nachgewiesen werden (s. Abb. 4, 3.1.3), während Rahn (1992) von einer geringeren Sensitivität von 27 pg berichtet. Die qualitative PCR mit Agarosegeldetektion kann allerdings nur ein Resultat aufgrund der Fragmentlänge des PCR-Produkts liefern und gibt keinen Aufschluss darüber, ob es sich in jedem Falle um die korrekte DNA-Sequenz handelt. Daher ist zum Einsatz in der amtlichen Lebensmitteluntersuchung für die qualitative PCR eine zusätzliche Bestätigungsreaktion, z.B. eine Hybridisierung mit einer Oligonucleotid-Sonde, ein Restriktionsverdau oder die Sequenzierung der amplifizierten Sequenz vorgeschrieben.

Die Real-Time PCR bietet gegenüber der qualitativen PCR einen grundlegenden Vorteil, da hierbei eine Sonde verwendet wird, die bereits einen sequenzspezifischen Nachweis ermöglicht und damit die Verifikation des erhaltenen PCR-Produkts. Die Bestätigungsreaktion über die spezifische, fluoreszenzmarkierte Sonde findet hier simultan zu dem Nachweis über die spezifischen Primer statt. Bei der Detektion über Agarosegelelektrophorese wird das PCR-Amplifikat hin-gegen nur anhand der Größe erkannt. Die Real-Time PCR erspart außerdem zeitaufwendige Post-PCR Arbeitsschritte, die anschließend an die Amplifikation erfolgen müssen. Gleichzeitig verringert sich auch das Risiko einer Laborkontamination, da der gesamte Prozess der Amplifikation und Detektion in einem Reaktionsgefäß, also im geschlossenen System abläuft.

Das auf Rahn basierende Nachweissystem wurde deshalb mit einer in der vorliegenden Arbeit neu entwickelten Sonde kombiniert und als Real-Time PCR etabliert und evaluiert.

Die Validierung der Real-Time PCR zum Nachweis von *Salmonella* spp. zeigte, dass es sich dabei ebenfalls um ein sehr spezifisches und sensitives Verfahren handelt. Die Spezifität der Primer-Sondenkombination wurde durch Überprüfung von 103 Target-Stämmen durchgeführt, die 45 Serovare aus den beiden *Salmonella*-Spezies bzw. den sechs *Salmonella-enterica*-Subspezies-Gruppen beinhaltete. Es konnte ebenfalls eine hohe Spezifität (100%) festgestellt werden, sämtliche Target-Stämme wurden positiv erkannt, während die Nicht-Target-stämme ein negatives Resultat ergaben. Es wurden beide Arten, *Salmonella enterica* (inklusive aller Subgruppen) und *Salmonella bongori* detektiert. Die Möglichkeit, *Salmonella bongori* nachzuweisen, die zwar selten, aber mitunter auch als Erreger von Lebensmittelinfektionen in Frage kommen (Nastasi 1999), stellt einen Vorteil gegenüber anderen Nachweismethoden dar, die diese Art nicht erfassen (Hoorfar 2000). Im Vergleich zu der von Rahn berichteten Nachweisgrenze (s.o.) zeigte sich für die Real-Time PCR eine deutlich niedrigere Nachweisgrenze, es konnten im Experiment ein bis zehn Genomkopien von Salmonella-DNA pro Ansatz detektiert werden.

In einem Methodenvergleich wurde die Real-Time PCR als Alternativverfahren der kulturellen Methode gegenübergestellt. Dazu wurden artifiziell dotierte Lebensmittelproben parallel mit der Real-Time PCR und mit der kulturellen Methode nach §64 LFGB (Anonymous 2003) als Referenzverfahren untersucht. Für die

Dotierungsexperimente wurde eine möglichst breite Palette an verschiedenen Produkten bzw. Lebensmittelsparten gewählt, die in der Literatur als häufig mit *Salmonella* spp. belastet erwähnt werden. Darunter fallen sowohl tierische Produkte, v.a. Fleisch und Produkte mit Rohei, sowie Fisch, aber auch verschiedene trockene Lebensmittel, wie Gewürze und Tees (Koch 2005, Lehmacher 1995). Zwar sind bereits viele ähnliche Dotierungsexperimente publiziert, meist handelt es sich aber nur um ein oder zwei Lebensmittel, die dafür verwendet wurden (Bej 1994, Josefsen 2007). Das für die Dotierung eingesetzte Serovar S. Typhimurium ist neben dem Serovar S. Enteritidis am häufigsten als Ursache einer lebensmittelbedingten Salmonellose zu finden (Malorny 2006).

Die Übereinstimmung zwischen den Ergebnissen der Real-Time PCR und der kulturellen Methode fiel je nach untersuchter Lebensmittelsparte unterschiedlich aus (s. Tab. 11, 3.1.8). Für Hackfleisch, Geflügel, Lachs, Schokolade, Tiramisu, Speiseeis, und Knoblauchgranulat stimmten die Ergebnisse der Real-Time PCR vollständig mit denen der kulturellen Methode überein. Beim Grüntee und beim Knoblauch war sowohl die Real-Time PCR als auch die kulturelle Methode für alle Proben negativ, während bei den anderen Sparten alle dotierten Proben mit beiden Methoden positive Ergebnisse erzielten. Dabei waren keine Unterschiede festzustellen, wenn die Proben 18 oder 24 Stunden angereichert wurden. Daraus folgt, dass für die untersuchten Lebensmittelsparten bereits die 18 h-Anreicherung für einen sicheren Nachweis niedriger Kontaminationen an Salmonellen ausreichend ist. Weitere Studien zeigten allerdings, dass für bestimmte Lebensmittel, insbesondere z.B. Tees eine auf 24 h verlängerte Anreicherungsdauer empfehlenswert ist, um geringe Kontaminationen mit *Salmonella* spp. zu erkennen (Malorny 2006).

Das Lebensmittelrecht schreibt vor, dass in 25 g Lebensmittel nach Anreicherung keine Salmonellen nachzuweisen sein dürfen (Anonymous 2005d). Sowohl mit der Real-Time PCR als auch mit der kulturellen Methode konnten bei allen Lebensmitteln niedrige Dotierungskonzentrationen (ca. 1 - 10 cfu / 25 g) detektiert werden. Eine Ausnahme stellten Knoblauch, Grün- und Schwarztee dar. Die Dotierung von

Knoblauchgranulat sowie von Grüntee ergab bei beiden Verfahren ein negatives Resultat, allerdings zeigte die Real-Time PCR der Grüntee-Proben nach thermischer Lyse ein positives Ergebnis. Die negativen Resultate könnten damit erklärt werden, dass die Dotierungskonzentrationen (0 - 1 bzw. 0 - 3 cfu/ 25g) sehr niedrig war. Möglicherweise konnten die Salmonellen in der Anreicherung nicht oder kaum anwachsen, da sowohl Knoblauch als auch Grüntee Inhaltsstoffe mit bakteriziden bzw. bakteriostatischen Eigenschaften aufweisen (Johnson 1996, Taguri 2004, Tiwari 2005). Die positiven PCR- Ergebnisse beim Grüntee nach thermischer Lyse würden insofern dazu passen, dass bei dieser DNA-Präparation auch bei sehr geringer Konzentration an Salmonella-Zellen im Ausgangsmaterial vermutlich noch etwas mehr DNA zur Verfügung stand als nach der intensiveren Aufreinigung mit dem HighPure Foodproof I Kit.

Die dotierten Schwarztee-Proben zeigten im kulturellen Nachweis abweichende Ergebnisse von der Real-Time PCR. Nach 18-stündiger Anreicherung zeigte die Amplifikationskontrolle der Real-Time PCR bei beiden Dotierungskonzentrationen für alle Proben ein negatives Ergebnis an, d.h. alle negativen Proben waren als inhibiert zu beurteilen. Mit der kulturellen Methode zeigte die niedrige Dotierungskonzentration ein positiv/negativ-Ergebnis. Die höhere Dotierung war kulturell für beide Ansätze positiv. Nach 24 Stunden Anreicherung zeigte die Real-Time PCR für beide Dotierungskonzentrationen ein positiv/negativ-Ergebnis. Die negativen Ansätze waren wiederum inhibiert. Kulturell wurde das gleiche Ergebnis wie bei der kürzeren Anreicherung erzielt. Daraus lässt sich schließen, dass eine 18 h-Anreicherung bei Schwarztee weder für die kulturelle Methode noch für die Real-Time PCR für eine sichere Beurteilung der Probe ausreicht. Auch nach 24 h Anreicherung ergibt eine kulturelle Untersuchung der niedrigeren Dotierungskonzentration kein eindeutiges Ergebnis. Allerdings muss auch in diesem Fall berücksichtigt werden, dass bei beiden Dotierungsstufen die Konzentration der Keime sehr gering ausfiel (ca. 1 cfu/ 25 g bzw. ca. 2 cfu/ 25 g), d.h. möglicher-weise waren die Salmonellen in der Anreicherung nicht gut angewachsen. Das negative Real-Time PCR-Ergebnis lässt sich auf inhibitorische Komponenten in der DNA-Lösung zurückführen, da die Amplifikationskontrollen ein negatives Ergebnis zeigten. Phenolische Inhaltsstoffe (z.B. Catechine), wie sie z.T. in Tee vorkommen, sind häufig Ursache für solche Inhibitionen (Taguri 2004, Tiwari 2005). Daher müsste in einem weiteren Experiment geklärt werden, ob die DNA-Extraktion für Schwarztee mit einer anderen Methode eine Verbesserung ergeben würde, oder ob mittels einer nachgeschalteten, weiteren Aufreinigung des DNA-Extraktes die Inhibitoren entfernt werden können.

Zusammenfassend ist festzustellen, dass die Real-Time PCR bei allen Lebensmittelsparten außer dem Schwarztee zur gleichen Beurteilung der Proben führt wie der kulturelle Nachweis. Im Methodenvergleich zeigte sich eine vollständige Übereinstimmung der Ergebnisse mit beiden Methoden. Die einzige Ausnahme bildeten dotierte Schwarztee-Proben, von denen in der Real-Time PCR eine Inhibition ausging.

Die Ermittlung der Relativen Sensitivität und der Relativen Spezifität der Real-Time PCR im Vergleich zur kulturellen Referenzmethode wurde anhand der Untersuchung natürlich kontaminierter Proben durchgeführt. Hier zeigte sich ebenfalls eine sehr gute Übereinstimmung beider Methoden, da 165 von 166 Proben mit der Real-Time PCR das gleiche Resultat erzielten wie mit der kulturellen Referenzmethode. Eine Probe zeigte kulturell ein negatives Ergebnis und war in der PCR inhibiert, daher konnte mit der Real-Time PCR kein eindeutiges Ergebnis erzielt werden. Hier müsste in weiteren Experimenten geklärt werden, ob mittels einer weiteren DNA-Reinigung die Inhibition aufzuheben ist.

Anhand dieser Daten wurden die Werte der Validierungsparameter für die Real-Time-PCR im Vergleich zur kulturellen Methode berechnet. Dabei ergab sich eine Relative Spezifität von 100% und eine Relative Sensitivität ebenfalls von 100%. Die in dieser Arbeit neu entwickelte interne Amplifikationskontrolle (IPC) wurde zusammen mit der Salmonella Real-Time PCR als Duplex-PCR etabliert. Dies bietet den zusätzlichen Vorteil, dass negative Salmonella Proben, die einen Großteil der Proben der Routineanalytik darstellen, auf Inhibition kontrolliert werden und somit falsch-negative Ergebnisse im gleichen Schritt ausgeschlossen werden können. Dabei ist es notwendig, die Konzentration an verwendeter interner Kontroll-DNA (IPC-ntb2-Plasmid-DNA) so gering einzustellen, dass eine stabile Amplifikation gewährleistet ist. Gleichzeitig muss aber die Sensitivität des Salmonella-Nachweissystems erhalten bleiben, was in der vorliegenden Arbeit so realisiert wurde.

In der Routineuntersuchung von Lebensmittelproben kann die Real-Time PCR als zeitsparendes Screening eingesetzt werden, mit dem Negativproben für Salmonella rasch identifiziert werden können. Wird die PCR dabei direkt anschließend an die Voranreicherung der Lebensmittelprobe durchgeführt, so kann ein Ergebnis für den Nachweis bereits innerhalb von acht Stunden (nach Voranreicherung) erzielt werden. Die Real-Time PCR eignet sich aber auch dazu, den kulturellen Nachweis zu bestätigen. Derzeit ist für die amtliche Lebensmittelüberwachung vorgeschrieben, dass alle Proben, die mit der PCR positiv für Salmonella getestet wurden, kulturell bestätigt werden. Für Privatlaboratorien bzw. die Lebensmittelindustrie gilt diese Regelung allerdings nicht.

Mit der in dieser Arbeit validierten Real-Time PCR (als Duplex-PCR mit IPC) zum Nachweis von *Salmonella* spp. wurde mittlerweile im Rahmen der §64 LFGB-Arbeitsgruppe (zusammen mit einer zweiten Methode, die eine andere DNA-Sequenz nachweist) ein erfolgreicher Ringversuch durchgeführt, an dem 13 Laboratorien teilnahmen (Malorny 2007b). Am Beispiel von Milchpulver als Matrix wurden beide Real-Time PCR-Methoden auf ihre Spezifität, Sensitivität, Robustheit und Genauigkeit im Vergleich zur kulturellen Referenzmethode überprüft. Beide Methoden erwiesen sich als robust und geeignet, Salmonellen in geringen Konzentrationen im Lebensmittel nachzuweisen. Sie wurden daher in die Methodensammlung nach §64 LFGB aufgenommen und stellen nun offizielle Untersuchungsmethoden dar. Es wäre erstrebenswert, dass diese und weitere Real-Time PCR Methoden zur Untersuchung von Lebensmitteln EU-weit anerkannt werden, um in Zukunft hohe Probenaufkommen schneller und besser bewältigen zu können.

4.2. Typisierung von *Salmonella* spp. Isolaten aus Lebensmitteln mit der Pulsfeld-gelelektrophorese (PFGE)

Die Pulsfeldgelelektrophorese (PFGE) wird in der Epidemiologie erfolgreich als Surveillance-Methode zur Untersuchung von Ausbrüchen eingesetzt, um epidemiologische Zusammenhänge zu erkennen und zu verfolgen. Die PFGE kann für verschiedene Erreger von Lebensmittelinfektionen, wie z.b. *Salmonella* spp., *Listeria monocytogenes* oder enterohämorrhagische *E. coli* gleichermaßen verwendet werden. Sie hat sich als sehr geeignet erwiesen, um enge klonale Verwandtschaften zwischen Erregerstämmen festzustellen, die von Patienten isoliert wurden, welche örtlich weit voneinander getrennt erkrankten (Werber 2003). Mit dieser Methode können Stämme, die für einzelne Ausbrüche verantwortlich sind, erfasst und wiedererkannt werden und gegebenenfalls Über-einstimmungen von Lebensmittelisolaten und Humanisolaten gefunden werden.

Mit den beiden verwendeten PFGE-Methoden, dem BioRad-Kit und der Standardmethode des „GermanPulseNET" (Anonymous 2003b) konnten von zwei Probenserien von je acht Salmonella-Stämmen, die aus verschiedenen Lebensmitteln isoliert worden waren, DNA-Fingerprint-Daten ermittelt werden. Jeweils zwei der acht Isolate waren zuvor nicht serologisch typisiert worden. Bei der ersten Probenserie war es möglich, die beiden unbekannten Isolate anhand des Vergleichs mit den ermittelten PFGE-Mustern der sechs bekannten Stämme als Salmonella Agona zu identifizieren. Bei der zweiten Probenserie konnte durch den Vergleich der Ergebnisse mit PFGE-Daten, die im Rahmen des „foodborne-net" (Forschungsnetzwerk „Lebensmittelinfektionen in Deutschland") bzw. „German PulseNet" erhoben worden waren und im Internet veröffentlicht waren, eine weitgehende Übereinstimmung einer der beiden unbekannten Probe mit dem PFGE-Muster eines Salmonella Typhimurium Serovars gefunden werden. Vermutlich handelte es sich bei dem untersuchten unbekannten Serovar ebenfalls um Salmonella Typhimurium, obgleich kleinere Abweichungen zwischen den beiden Mustern zu erkennen sind. Allerdings treten selbst bei nah verwandten Stämmen häufig etwas unterschiedliche

PFGE-Muster auf, da bereits geringfügige Unterschiede im Antibiotika-Resistenzmuster oder bei den Phagentypen einen Einfluss auf die PFGE ausüben. Bei weiteren Vergleichen mit Humanisolaten und tierischen Isolaten, die im BfR (Bundesinstitut für Risikobewertung) gewonnen worden waren, konnten allerdings keine weiteren epidemiologischen Zusammenhänge mit den dort vorliegenden Daten ermittelt werden. Datenbanken mit ausreichend vielen Vergleichsstämmen für eine weitergehende Identifizierung standen jedoch nicht zur Verfügung.

Es zeigte sich, dass die PFGE die Möglichkeit zu einer sehr genauen Typisierung der Mikroorganismen bietet. Dadurch können Erkenntnisse über Infektionswege gewonnen werden und es kann ermittelt werden, welche Salmonella-Serovare unter den Erregerproben vorherrschen. Die Methode ist also sehr gut geeignet für differenzierte, epidemiologische Fragestellungen, während sie für die Routinediagnostik von *Salmonella* spp. im Rahmen der amtlichen Überwachung eine zu zeitaufwändige Methode darstellt. Ausgehend von der Übernachtkultur der zu untersuchenden Isolate werden bis zu den ersten Ergebnissen etwa 3 - 4 Arbeitstage benötigt. Neben der langen Dauer kommt es auch häufiger zu Wiederholungen der Analyse, weil beim ersten Lauf nicht immer ein eindeutiges Ergebnis erzielt werden kann. Auch in der vorliegenden Arbeit wurde mit zwei verschiedenen Protokollen für jeweils 3 - 4 Proben kein klares Ergebnis erhalten. Diese Proben sind daher in einer weiteren PFGE abzusichern. Nicht zuletzt ist für eine valide Auswertung eine Datenbank mit PFGE-Mustern von ausreichend Vergleichsstämmen notwendig. Die PFGE ermöglicht also die sehr genaue Typisierung, die allerdings auf Kosten einer raschen Analytik geht.

Zusammenfassend kann die molekularbiologische Methodik zum Nachweis von *Salmonella* spp. als valides, sehr sensitives und spezifisches Verfahren angesehen werden, das im Methodenvergleich mit der kulturellen Referenzmethode die gleiche Sicherheit zur Beurteilung kontaminierter Lebensmittel bietet. Auch die erfolgreich durchgeführten Ringversuche bestätigen dieses Fazit. Zunächst wurden im Rahmen der vorliegenden Arbeit zwei Ringversuche erfolgreich durchgeführt. Es handelte sich hierbei um eine Untersuchung, bei der direkt DNA aus dem versandten Material isoliert wurde und molekularbiologische analysiert wurde, sowie um einen Ringversuch, bei dem die Proben nach einer Voranreicherung parallel mit der Real-Time PCR und der kulturellen Methode untersucht wurden. Bei beiden Ringversuchen wurden mit der Real-Time PCR für alle Proben die richtigen Resultate erzielt. Über das vorliegende Projekt hinausgehend wurde mit der Real-Time PCR-Methode von der §64-Arbeitsgruppe ein erfolgreicher Ring-versuch durchgeführt (s.o.) und daraufhin das Nachweissystem in die offizielle Methodensammlung nach §64 LFGB aufgenommen.

4.3 Nachweis von *Campylobacter coli* und *Campylobacter jejuni* mit PCR und Real-Time PCR

Für den Nachweis der thermophilen Campylobacter-Spezies *Campylobacter coli* und *jejuni* mittels PCR wurde von Oyofo (1992) eine Methode publiziert, die auf der Amplifikation einer Sequenz des Flagellin-Gens beruht. Ausgehend von dieser Methode wurde in der vorliegenden Arbeit das Nachweissystem für die PCR modifiziert und für die Real-Time PCR mit einer neu entwickelten Sonde kombiniert. Dazu wurden DNA-Sequenzvergleiche des betreffenden Abschnitts des Flagellin-Gens zahlreicher *C. coli* - und *C. jejuni*-Stämme genutzt, die mit Hilfe der in Tabelle 2 (2.7) beschriebenen Datenbanken und Software erstellt wurden. Das modifizierte Primersystem, kombiniert mit der Real-Time PCR-Sonde, wurde durch gezielte Auswahl der Konzentrationen von Primer, Sonde, $MgCl_2$-Konzentration und Temperatur für die Anwendung als Real-Time PCR optimiert.

Bei der Überprüfung des Nachweissystems mit Target- und Nicht-Target-Stämmen in der Real-Time PCR ergab sich eine hohe Spezifität. Alle 58 untersuchten Referenz-DNA-Proben von *C. jejuni* bzw. *C. coli* zeigten in der Real-Time PCR positive Ergebnisse, während sämtliche Nicht-Target-Stämme nah Verwandter (z.B. *C. fetus*) und anderer Spezies (insgesamt 64) ein negatives Resultat ergaben.

Die Sensitivität wurde für die PCR und die Real-Time PCR untersucht, dabei ließen sich mit der qualitativen PCR im Agarosegel bis zu ca. 5 DNA-Kopien von *C. jejuni* nachweisen. Die Sensitivität für *C. jejuni* fiel damit ca. zehnfach höher aus als in der PCR mit dem Nachweissystem von Oyofo (1992), der von einer Sensitivität von 30-60 DNA-Kopien pro PCR-Ansatz berichtete. Bei *C. coli* lag die Nachweisgrenze der PCR bei ca. 50 DNA-Kopien pro PCR-Ansatz. Da jedoch ca. 80-90 % aller Infektionen von *C. jejuni* verursacht werden, ist hier ein sensitiver Nachweis von größerer Bedeutung. Die Real-Time PCR zeigte eine Sensitivität von ca. 5 DNA-Kopien pro PCR-Ansatz für die beiden untersuchten Campylobacter Spezies, *C. jejuni* und *C. coli*. Durch Zugabe einer internen Amplifikationskontrolle, die parallel zur Zielsequenz im gleichen Ansatz amplifiziert wird (Duplex-Ansatz), verringert sich die Sensitivität allerdings um mehrere Zehnerpotenzen. Es müsste in weiteren Untersuchungen geklärt werden, ob dies an den gewählten Primer-Sondensequenzen an sich lag, oder ob sich durch weitere Optimierung eine Duplex-PCR mit der IPC etablieren ließe. In verschiedenen anderen Laboratorien wurde die gleiche IPC mit anderen Real-Time PCRs zum Nachweis von Campylobacter-Spezies ohne Sensitivitätsverluste eingesetzt (s. 4.6).

Die neu entwickelte Real-Time PCR wurde anschließend im Vergleich zur kulturellen Referenzmethode getestet. Hierbei bestätigte sich die hohe Spezifität der Real-Time PCR in der Untersuchung von natürlichen Lebensmittelproben. Es wurden Proben aus ganz unterschiedlichen Lebensmittelsparten, wie Geflügel, Fleisch, Fisch, Käse, Müsli, Fertiggerichte u.a. analysiert. Alle untersuchten Proben, die kulturell positiv für *C. coli* oder *jejuni* waren, erzielten in der Real-Time PCR ebenfalls positive Resultate. Aus einer Probe konnten kulturell keine *C. coli* bzw. *jejuni* isoliert werden, während in der Real-Time PCR ein positives Ergebnis erzielt wurde. Dieselbe Probe war auch mit dem VIDAS®-System (Immunoassay) positiv. Möglicherweise waren in dieser Probe die Campylobacter vorgeschädigt, so dass sie zwar noch lebten, aber nicht mehr zum Wachstum auf Platte fähig waren („viable but not culturable"). In diesem Fall wäre das Ergebnis der kulturellen Referenzmethode falsch-negativ zu werten.

Auch die hohe Sensitivität der Real-Time PCR für *C. jejuni* und *C. coli* konnte anhand artifiziell kontaminierter Lebensmittelproben im Vergleich mit der kulturellen Referenzmethode bestätigt werden. Mit der Real-Time PCR konnte bei sämtlichen mit *C. jejuni* dotierten Proben, die mit der kulturellen Referenzmethode ein positives Ergebnis zeigten, der Keim ebenfalls nachgewiesen werden. Generell lassen sich weniger als 5 cfu / 25 g nach Anreicherung sowohl mit der kulturellen Referenzmethode als auch mit der Real-Time PCR sicher nachweisen. In einzelnen Fällen gelang auch der Nachweis von weniger als 2 cfu / 25 g. Dieser Nachweis war zudem in Gegenwart einer hohen und vielfältigen Hintergrundflora erfolgreich. Bei den niedrigen Dotierungsniveaus, die mit beiden Nachweismethoden negative Resultate ergaben, lagen vermutlich keine falsch-negativen Ergebnisse vor, stattdessen rührten sie wohl daher, dass die inokulierten Zellen sich gar nicht vermehrten und daher keine Anreicherung stattfand.

Um die Eignung der Real-Time PCR als Nachweismethode zu belegen, wurden verschiedene Validierungskriterien (Spezifität, Sensitivität, Nachweisgrenze etc.) umfassend geprüft. Die aus den Vergleichen der Real-Time PCR und der kulturellen Methode experimentell ermittelten Daten wurden als Grundlage zur Berechnung der Validierungsparameter verwendet. Eine Bewertung des Vergleichs der beiden Verfahren kann dann über den Konkordanzindex Kappa (Hübner 2002) erfolgen. Der Konkordanzindex gibt das Maß der Übereinstimmung zweier Methoden bezüglich eines Analyseparameters an und wird mit Hilfe der Ergebnisse der Validierungsparameter berechnet. Die Validierungsparameter für den Nachweis von *C. coli* und *C. jejuni* mit Real-Time PCR ergaben für den Konkordanzindex eine fast vollständige Übereinstimmung von Real-Time PCR und kultureller Referenzmethode (0,98). Im Allgemeinen wird die Übereinstimmung zweier Nachweismethoden als genügend bezeichnet, wenn Kappa größer oder gleich 0,81 ist.

Die hier entwickelte Real-Time PCR wurde in einer Studie zusammen mit weiteren sechs Real-Time PCRs v.a. hinsichtlich ihrer Spezifität verglichen (Lick 2007). Die untersuchten Nachweise basierten auf unterschiedlichen Genregionen und detektierten *C. jejuni* bzw. *C. coli* bzw. beide gemeinsam und z.T. zusätzlich *C. lari*. Dabei wurde festgestellt, dass die Inklusivität aller getesteten Methoden sehr gut war, während es mit der Exklusivität bei allen Methoden gewisse Unsicherheiten gab. Inklusivität bedeutet dabei, dass in der Real-Time PCR Target-Stämme als solche erkannt werden und ein positives Ergebnis erzielen, während Exklusivität die Fähigkeit beschreibt, Nicht-Targetstämme als solche zu erkennen und für diese ein negatives Ergebnis zu zeigen. D.h. bei den durchgeführten Spezifitätstests zeigten Targetstämme in der Regel korrekterweise ein positives Real-Time PCR Ergebnis, während manche Nicht-Targetstämme fälschlicherweise ebenfalls ein positives Ergebnis zeigten. Meistens wurden dabei Vertreter nah verwandter Arten wie *C.*

fetus oder *C. upsaliensis* mit erkannt. Gegebenenfalls empfiehlt es sich daher, mehrere Nachweise (z.B. gruppenspezifische und speziesspezifische) miteinander zu kombinieren. Dennoch zeigte sich die vorliegende, auf dem *flaA* Gen basierende Real-Time PCR im Vergleich mit der kulturellen Methode als spezifisch und sehr sensitiv. In der gleichen Publikation wurden bei der Untersuchung von natürlich kontaminierten Proben mit dieser Real-Time PCR und einer weiteren Duplex-PCR für *C. jejuni* und *C. coli* (basierend auf dem *ceuE*-Gen und *mapA*-Gen) mehr Proben positiv für *C. jejuni* und *C. coli* getestet als mit der kulturellen Methode (Lick 2007). Alle bis auf zwei dieser Proben wurden nach weiterführenden Bestätigungsreaktionen als „richtig positiv" beurteilt und zeigten, dass sich in diesem Fall die Real-Time PCR im Vergleich zur kulturellen Methode als sensitiver erwies.

Ein weiterer Vorteil der Real-Time PCR zum Nachweis von *C. jejuni* und *C. coli* ist zudem, dass sich Untersuchungen sehr rasch durchführen lassen, für den Nachweis werden nach Anreicherung nur etwa vier bis fünf Stunden bis zum Erhalt des Ergebnisses benötigt. Lebensmittelbedingte Infektionen mit thermophilen Campylobactern sind in den letzten Jahren an die erste Stelle unter den häufigsten bakteriellen Enteritiserregern gerückt. Die PCR ebenso wie die Real-Time PCR bieten hier diagnostische Werkzeuge einer hohen Spezifität und Sensitivität, die sichere Ergebnisse gewährleisten und dabei gleichzeitig eine sehr schnelle Analytik ermöglichen.

4.4 Nachweis von *Listeria monocytogenes* mit PCR

Für den Nachweis von *Listeria monocytogenes* in Lebensmittelanreicherungen wurden zwei in der Literatur veröffentlichte Methoden (Anonymous 2002g, Furrer 1991, Scheu 1999) für die qualitative PCR mit Agarosegeldetektion angewandt. Die Spezifität der Nachweissysteme war aus den Publikationen bekannt und wurde im vorliegenden Projekt anhand von Vertretern sämtlicher Spezies der Gattung Listeria (z.B. *Listeria innocua, Listeria ivanovii* etc.) zusätzlich überprüft.

Beide Nachweissysteme zeigten sich geeignet, als PCR mit Agarosegeldetektion die Ergebnisse des kulturellen Verfahrens, mit dem acht Isolate aus *L. monocyto-genes* verdächtigen Lebensmittelproben untersucht wurden, zu bestätigen. Darüber hinaus wurde eine Real-Time PCR mit den gleichen Proben durchgeführt, mit der dieselben Ergebnisse erzielt wurden. Dazu wurde eine der beiden publizierten Methode zum Nachweis eines Metalloprotease-Gens von *L. monocytogenes* (Scheu 1999) mit einer neuen, fluoreszenzmarkierten Real-Time PCR-Sonde kombiniert. Diese Sonde war in vorhergehenden Arbeiten auf ihre Spezifität und Sensitivität validiert worden (Wieland 2002).

Weitergehende methodische Entwicklungen und Validierungen zum Nachweis von *Listeria* spp. in Lebensmitteln wurden an der Bundesforschungsanstalt für Ernährung (BfE), Karlsruhe (Prof. Dr. Holzapfel) und am Chemischen und Veterinäruntersuchungsamt Karlsruhe (Dr. Lohneis) im Rahmen eines parallel laufenden Forschungsprojektes durchgeführt und daher in der vorliegenden Arbeit nicht weiterverfolgt.

4.5 Paralleler Nachweis von *Salmonella* spp., *Listeria monocytogenes* und thermophilen Campylobactern mit dem Nutri®Chip (Microarray)

Der in der vorliegenden Arbeit eingesetzte Nutri®Chip ist ein zur Anwendung in der Lebensmittelanalytik entwickelter Microarray (Biochip). Dieser Biochip trug in einem Raster angeordnete kovalent gebundene Hybridisierungssonden, die die Detektion spezifischer DNA-Abschnitte aus thermophilen Campylobactern (*C. coli*, *C. jejuni*), aus *Listeria monocytogenes* und aus *Salmonella* spp. ermöglichten. Anschließend an eine Multiplex-PCR wurden dabei PCR-Produkte mit der Sonden-DNA auf dem Nutri®Chip hybridisiert. Fand eine spezifische Hybridisierungsreaktion statt, so wurde sie als Fluoreszenzsignal visualisiert und konnte nach Auslesen in einem Biochip-Reader ausgewertet werden.

Für die Analyse mit dem Nutri®Chip wurde somit eine Multiplex-PCR mit einer spezifischen Biochip-Hybridisierung kombiniert. Dies ermöglichte eine eindeutige, schnelle und sensitive Detektion der Kontamination von Lebensmitteln mit den verschiedenen Erregern. Der Zeit- und Arbeitsaufwand lag zwar über dem der Real-Time PCR, allerdings bestand mit dem Nutri®Chip die Möglichkeit, eine Lebensmittelprobe parallel auf drei pathogene Keime gleichzeitig zu untersuchen. Die Biochip-Analyse bietet ebenfalls wie die Real-Time PCR gegenüber der PCR mit Agarosegeldetektion den Vorteil der integrierten Hybridisierungsreaktion, d.h. die Sequenz der PCR-Produkte wird anhand spezifischer Sonden verifiziert.

Die Stärken des Nutri®Chip-Verfahren lagen in der hohen Spezifität und der Parallelität mehrerer Untersuchungen in einem Reaktionsansatz. Laut Busch (2002) eignet sich der Nutri®Chip damit für die Routineuntersuchung von Lebensmitteln auf oben genannte pathogene Keime und stellt eine mögliche Alternative zum kulturellen Nachweis oder zu anderen Schnellmethoden dar.

Im Vergleich mit der kulturellen Methode zeigte sich in einer Studie (Leidreiter 2002) mit 56 künstlich mit *L. monocytogenes* und *L. innocua* kontaminierten Schweinehackfleisch-Proben zudem, dass mit dem Nutri®Chip der Nachweis von *L. monocytogenes* auch in einer Mischkontamination gelang. Die kulturelle Methode erzielte dagegen nur für 53% dieser Proben ein eindeutiges Ergebnis für *L. monocytogenes*. In diesem Fall führte die Analyse mit dem Nutri®Chip zu genaueren Resultaten als die kulturelle Methode. Für den Nachweis von *Salmonella* spp. wurden bei einem Vergleich von kultureller Methode, ELISA-Nachweis und Nutri®Chip (Lubenow 2002) mit dem Nutri®Chip eine hohe Sensitivität und Spezifität festgestellt. Bei den in dieser Studie untersuchten 212 Lebensmittelproben betrug die Übereinstimmung des Nutri®Chip mit der kulturellen Referenzmethode für die kulturell negativen Proben 100% und die kulturell positiven Proben 97,5%. Bei den in der Nutri®Chip-Analyse abweichend positiv erkannten Proben war aufgrund weiterführender Bestätigungsreaktionen zu vermuten, dass es sich um richtig-positive Proben handelten. Dies würde für eine höhere Sensitivität des Nutri®Chip sprechen. Bisher wurde allerdings der Nutri®Chip nur im Rahmen der Forschung eingesetzt. Die Einführung von Microarray-Systemen in die Praxis der Lebensmittelüberwachung zum gegenwärtigen Zeitpunkt ist auch nur eingeschränkt möglich, da spezialisierte Anbieter kostengünstiger Lösungen, die an entsprechende Fragestellungen adaptiert sind, nach wie vor fehlen.

Dennoch bietet die Microarray-Technologie ein enormes Entwicklungspotential auch für die mikrobiologische Diagnostik und erlaubt durch hohe Parallelisierung einen großen Durchsatz in kurzer Zeit. Da auf einem Microarray die Anzahl der Sondenfelder für einzelne Nachweise beliebig erweitert werden kann, könnten gleichzeitig Kontaminationen mit allen wichtigen pathogenen Keimen in Lebensmitteln detektiert werden. Für Lebensmittelproben, bei denen eine möglichst schnelle und trotzdem spezifische Analytik im Vordergrund steht, könnte der Einsatz des Microarray-Verfahrens, das Automatisierungspotential beinhaltet, in den kommenden Jahren an Bedeutung gewinnen.

4.6 Interne Amplifikationskontrolle für die PCR und Real-Time PCR

Für einen sicheren Nachweis von DNA aus Mikroorganismen mit PCR-Methoden sind eine Positivkontrolle der Reaktion, eine Reagenzien-Negativkontrolle und eine geeignete Inhibitionskontrolle, mit der die Amplifikation im Verlauf der PCR überprüft werden kann, dringend erforderlich.

Eine erfolgreiche PCR bzw. Real-Time PCR ist abhängig davon, dass die Amplifikation nicht z.b. durch störende Begleitsubstanzen aus der Probenmatrix inhibiert wird. Ein negatives PCR-Ergebnis kann also nicht nur an der Abwesenheit von Target-DNA liegen, sondern unter Umständen darauf zurückzuführen sein, dass die vorhandene Target-DNA nicht amplifiziert werden konnte, was zu einem falsch-negativen Ergebnis führt (Hartmann 2005). Falsch-negative Ergebnisse können z.B. dann auftreten, wenn es sich um komplexen Proben handelt, in denen Inhaltsstoffe oder Begleitstoffe des Lebensmittels, die Hintergrundflora oder das Nährmedium inhibitorisch wirken. Diese können bewirken, dass die DNA ausfällt oder abgebaut wird, oder die Funktion der DNA-Polymerase durch Denaturierung teilweise oder ganz inaktiviert wird (Al-Soud 2000, Wilson 1997). Eine solche Inhibition wird nicht durch die Positivkontrolle der PCR erkannt, wie es bei Ausfällen der PCR durch Fehlfunktionen des PCR-Gerätes, falsche Reagenzien-Mixe oder fehlender Polymerase-Aktivität der Fall ist.

Deshalb muss die Inhibitionskontrolle für jede einzelne Probe durchgeführt werden. Sie muss dann ein positives Signal erzielen, wenn in der Probe keine Target-DNA vorhanden ist, es sich also um ein tatsächlich negatives Ergebnis handelt. Auf diese Weise können negative Ergebnisse als sicher negativ bestätigt werden.

Um eine mögliche Inhibition zu erkennen, können verschiedene Strategien verfolgt werden. Es kann z.B. eine Kontrollreaktion als externe Amplifikationskontrolle in einem Doppelansatz durchgeführt werden, bei dem zusätzlich zu der Proben-DNA eine zuvor auf ihre Amplifizierbarkeit überprüfte Target-DNA in geringer Konzentration zugegeben wird.

Deutlich vorteilhafter sind allerdings interne Kontrollen, basierend auf einer künstlichen oder natürlichen Sequenz, die parallel zur Target-DNA amplifiziert werden. Der Vorteil der internen Amplifikationskontrolle liegt darin, dass die Target-DNA aus der Probe und die Kontroll-Sequenz in ein- und derselben Reaktion nachgewiesen werden. Für die interne Amplifikationskontrolle gibt es wiederum zwei verschiedene Möglichkeiten. Eine kompetitive (homologe) Amplifikationskontrolle besteht aus einer Sequenz, die mit den gleichen Primern amplifiziert wird, wie die Target-DNA; zwischen den Primern befindet sich ein Fragment einer artifiziellen oder natürlichen DNA-Sequenz, die von der Target-DNA verschieden ist. Ein Nachteil dieser Strategie ist, dass es in jedem Fall zu einer Kompetition zwischen Target-DNA und Kontroll-DNA kommt, da die gleichen Primer verwendet werden. Daher empfiehlt es sich, für das PCR-Produkt der Amplifikationskontrolle eine längere Sequenz zu wählen als die des Target-PCR-Produkts, um die Amplifikation der Target-DNA zu begünstigen (Hoorfar 2004).

Eine nicht-kompetitive (heterologe) Amplifikationskontrolle wird durch ein zweites Primerpaar amplifiziert und kann aus einer artifiziellen oder natürlichen Sequenz bestehen. Nachteilig an dieser Kontrolle ist, dass sie, da sie andere Primersequenzen nutzt, nicht exakt den Amplifikationsprozess der Target-DNA widerspiegeln kann. Andererseits bietet sie den großen Vorteil, dass sie mit dem Nachweis beliebiger weiterer Target-DNAs kombiniert werden kann. Für beide Strategien gilt, dass die interne Amplifikationskontrolle, da sie mit dem Target-System um die verfügbaren PCR-Reagenzien konkurriert, in möglichst niedriger Konzentration eingesetzt werden muss. Gleichzeitig muss die Menge hoch genug sein, um eine stabile Amplifikation der Kontrolle zu gewährleisten. Die interne Amplifikationskontrolle kann entweder in Form eines gereinigten PCR-Produktes eingesetzt werden, oder nach Klonierung in Form von Plasmid-DNA. Plasmid-DNA lässt sich allerdings leichter lagern und besser handhaben, was die Stabilität und die Kopienzahl betrifft.

Im vorliegenden Projekt wurde eine nicht-kompetitive interne Amplifikationskontrolle (IPC) entwickelt und kloniert, die mit Hilfe eines zweiten Fluoreszenzfarbstoffes parallel zum Target-System in der Real-Time PCR detektiert wird. Von dieser IPC konnte eine möglichst geringe Konzentration, die in der Real-Time PCR reproduzierbar stabile Signale erzielte, bestimmt werden. Sie ließ sich in dieser Konzentration ohne Schwierigkeiten mit dem Target-System für *Salmonella* spp. kombinieren und als Duplex-Ansatz durchführen. Hierbei wurde weder die Spezifität noch die Sensitivität des Target-Systems beeinflusst.

Der Versuch, die gleiche interne Amplifikationskontrolle mit dem Target-System für *Campylobacter coli* und *jejuni* zu kombinieren, ergab jedoch einen deutlichen Verlust der Sensitivität des Campylobacter-Nachweises. Auch in der Literatur wird davon berichtet, dass Duplex-Systeme in manchen Fällen zu einem hohen Sensitivitätsverlust führen können (Roth 2003). Dabei wird die Sensitivität verschiedener Real-Time PCRs von der Koamplifikation mit dem internen Kontrollsystem unterschiedlich stark beeinflusst (Klerks 2004). Im vorliegenden Projekt hat sich der Einsatz der IPC im Duplex-Ansatz für die beiden entwickelten Real-Time PCRs unterschiedlich ausgewirkt. Während für den Nachweis von *Salmonella* spp. die entwickelte IPC als effektive Kontrolle der Inhibition im Duplex-Ansatz eingesetzt werden kann, empfiehlt sich dagegen für die Real-Time PCR zum Nachweis von *C. coli* und *C. jejuni* besser ein Doppelansatz (externe Amplifikationskontrolle).

Weiterführend zu dieser Arbeit wurde von Kooperationspartnern eine Real-Time PCR zum Nachweis von *C. coli*, *C. jejuni* und *C. lari*, basierend auf den Genen für *mapA*, *ceuE* und Gyrase entwickelt. Diese Triplex-Real-Time PCR wurde mit der internen Amplifikationskontrolle aus der vorliegenden Arbeit erfolgreich als Quadruplex-PCR kombiniert. Dabei konnten die Primerkonzentration aller Nachweise so optimiert werden, dass die Sensitivität der Target-Nachweise mit und ohne IPC gleich hoch war (Mayr A, persönliche Mitteilung).

Die in der vorliegenden Arbeit entwickelte und etablierte IPC wurde noch von weiteren Laboratorien mit mehreren Real-Time PCRs zum Nachweis von thermophilen Campylobactern und von *Listeria monocytogenes* als interne Amplifikationskontrolle in Duplex- und Triplex-Real-Time PCRs kombiniert. In allen Fällen zeigte sich die IPC als geeignet, Inhibition zu erkennen, ohne jedoch die Sensitivität des Target-Nachweises zu beeinflussen (Lick 2007, Huber I, persönliche Mitteilung). Zudem wurde die vorliegende IPC in Kombination mit der Salmonella Real-Time PCR im Ringversuch getestet und in die Methoden-sammlung nach §64 LFGB als offizielle Untersuchungsmethode für *Salmonella* spp. in Lebensmitteln aufgenommen.

In der Literatur wird immer wieder das Mitführen einer Inhibitionskontrolle für jegliche diagnostische PCR und Real-Time PCR gefordert (Hoorfar 2003, Hoorfar 2004), da falsch-negative Ergebnisse das hohe Risiko einer nicht erkannten aber tatsächlich vorhandenen Kontamination bergen. In den von Hoorfar (2004) publizierten Empfehlungen zum Entwurf einer internen Amplifikationskontrolle wird dabei die Strategie einer kompetitiven Amplifikationskontrolle und der Einsatz klonierter DNA befürwortet.

Die PCR zum Nachweis pathogener Mikroorganismen in Lebensmitteln sollte also eine adäquate Kontrolle der Amplifikation beinhalten. Gleichzeitig sollte eine maximale Sensitivität der Nachweismethoden angestrebt werden. Daher müssen im Einzelnen für Real-Time PCRs zum Nachweis verschiedener Keime gege-benenfalls unterschiedliche Strategien für die Amplifikationskontrolle gewählt werden. Eine wirkungsvolle Überprüfung der Inhibition kann sowohl im Duplex-Ansatz mit kompetitiver oder nicht-kompetitiver Kontrolle, als auch im Doppelansatz mit einer externen Kontrolle erzielt werden.

5 Zusammenfassung

Die stark zunehmende Verwendung und Ausbreitung von nukleinsäurebasierten Nachweismethoden seit der Erfindung der Polymerasekettenreaktion 1985 und der Entwicklung der Real-Time PCR in den 1990er Jahren setzt sich auch vermehrt in der Untersuchung von Lebensmitteln auf Mikroorganismen durch. Mit diesen Methoden können gleichermaßen erwünschte Mikroorganismen (z.B. Starterkulturen) sowie unbeabsichtigte oder pathogene Kontaminanten (z.B. Enteritis-Erreger) erkannt werden.

Das vorliegende Forschungsprojekt umfasst den molekularbiologischen Nachweis mehrerer pathogener Keime aus Lebensmitteln. Es wurden sowohl bereits veröffentlichte molekularbiologische Untersuchungsmethoden auf ihre Sensitivität, Spezifität und Praktikabilität untersucht, als auch darauf aufbauend neue und optimierte Schnellverfahren, vor allem mit der Real-Time PCR, entwickelt.

Für die DNA-basierten Erregernachweise wurden verschiedene Methoden entwickelt und validiert. Der Nachweis von *Salmonella* spp. wurde ausgehend von einer bereits publizierten Methode im Rahmen dieser Arbeit für den Einsatz in der amtlichen Überwachung etabliert. Zusätzlich wurde dieser Nachweis als Real-Time PCR weiterentwickelt und validiert. Ein Vergleich mit der kulturellen Nachweismethode wurde anhand artifiziell dotierter Proben und Routineproben gezogen. Diese Real-Time PCR zeigte eine hohe Spezifität und Sensitivität und führte in der Regel zu den gleichen Ergebnissen wie der kulturelle Nachweis. Pro Ansatz konnten damit bis zu ca. 10 Kopien Salmonella-DNA sicher nachgewiesen werden, bzw. weniger als 5 Keime pro 25 g Lebensmittel nach Anreicherung detektiert werden. Diese Real-Time PCR für *Salmonella* spp. wurde mit einer neu entwickelten internen Amplifikationskontrolle als Duplex-Real-Time PCR etabliert. In über das vorliegende Projekt hinausgehenden Arbeiten wurde diese Duplex-PCR in einem Ringversuch validiert und ist mittlerweile Teil der Methodensammlung nach §64 LFGB und gilt als offizielle Untersuchungsmethode.

Zur genauen Typisierung von Salmonella-Serovaren wurde zudem die Pulsfeldgelelektrophorese (PFGE) eingesetzt. Die Ergebnisse zeigen, dass für einen möglichst raschen und sicheren Nachweis die Real-Time PCR am Besten geeignet ist, während die PFGE das passende Werkzeug für eine differenzierte epidemiologische Untersuchung bietet. So können PCR und Real-Time PCR für die amtliche Überwachung zum raschen Screening eingesetzt werden, an das sich im positiven Falle eine mikrobiologische Differenzierung und evtl. eine molekularbiologische Serotypisierung mittels PFGE anschließen kann.

Der Nachweis von thermophilen Campylobactern wurde mittels PCR etabliert und zudem eine Real-Time PCR neu entwickelt. Diese Methode wurde anhand künstlich dotierter Proben sowie Routine-Proben sämtlicher Lebensmittelsparten validiert. Der Vergleich mit der kulturellen Methode zeigte für die Real-Time PCR eine Spezifität (Exklusivität) von 100% und eine Sensitivität (Inklusivität) von 98,1% und damit statistisch eine fast vollständige Übereinstimmung. Die Nachweisgrenze für die Real-Time PCR betrug ca. 5 DNA-Kopien pro Ansatz. Im Vergleich mit der kulturellen Methode konnten ebenfalls weniger als 5 Keime pro 25 g Lebensmittel nach Anreicherung sicher nachgewiesen werden.

Für die beiden Nachweismethoden von *Salmonella* spp. und *Campylobacter coli* bzw. *Campylobacter jejuni* wurde zur Vermeidung falsch-negativer PCR-Ergebnisse eine Amplifikationskontrolle neu entwickelt, kloniert und als Real-Time PCR etabliert. Damit kann für jede einzelne Nukleinsäureextraktion eine geeignete Inhibitionskontrolle mitgeführt werden, um die Amplifizierbarkeit und -effizienz der isolierten DNA aus der jeweiligen Probenmatrix zu überprüfen. Für die verschiedenen Nachweise wurden mit interner Inhibitionskontrolle im Duplex-Ansatz und externer Inhibitionskontrolle unterschiedliche Strategien verfolgt.

Des weiteren wurde der molekularbiologische Erregernachweise für *Listeria monocytogenes* mit PCR bzw. Real-Time PCR mit Lebensmittelproben parallel zum kulturellen Nachweis vergleichend untersucht und ein Microarray zum Nach-weis aller drei Keime, *Salmonella* spp., *C. jejuni* und *C. coli* sowie *L. monocytogenes* ausgetestet. Das Microarray-Verfahren eignet sich als Alternativverfahren zum kulturellen Verfahren oder zu PCR-Verfahren. Es bietet die Vorteile der Parallelität mehrerer Untersuchungen sowie der möglichen Automatisierung und ist gleichzeitig sehr sensitiv.

Zusammenfassend zeigte sich für die verschiedenen Anwendungen der PCR und der Real-Time PCR eine hohe Spezifität und Sensitivität. Gerade Real-Time PCR basierte Verfahren bieten für die amtliche Überwachung moderne Möglichkeiten der schnellen und verlässlichen Detektion pathogener Keime in Lebensmittelproben. Dabei ermöglicht die interne Amplifikationskontrolle die größtmögliche Sicherheit, riskante, falsch-negative Ergebnisse auszuschließen. Im Rahmen des Projektes wurden mehrere solcher Methoden entwickelt, bzw. weiterentwickelt, validiert und in die Überwachung eingeführt. Durch eine rasche, spezifische und zuverlässige Erkennung von Infektionserregern können somit Lebensmittel, von denen eine gesundheitliche Gefährdung für den Menschen ausgeht, schnellstmöglich aus dem Verkehr gezogen werden.

6 Literatur

Aabo S, Rasmussen OF, Rossen L. Salmonella identification by the polymerase chain reaction. Mol Cell Probes 1993;7:171-8.

Abu-Halaweh M, Bates J, Patel BK. Rapid detection and differentiation of pathogenic Campylobacter jejuni and Campylobacter coli by real-time PCR. Res Microbiol 2005;156(1):107-14.

Al-Khaldi SF, Martin SA, Rasooly A et al. DNA Microarray technology used for studying foodborne pathogens and microbial habitats: Minireview. J AOAC Int. 2002;85(4):906-10.

Al-Soud WA, Radstroem P. Effects of amplification facilitators on diagnostic PCR in the presence of blood, feces and meat. J Clin Microbiol 2000;38(12):4463-70.

Anonymous 1995. Microbiology of food and animal feeding stuffs – horizontal method for detection of thermotolerant Campylobacter. EN ISO 10272:1995 (E) 1995-10-15, ISO, Geneva, Switzerland.

Anonymous 1998a. Zum Auftreten der Listeriose. Epidemiologisches Bulletin 1998;23/98:165-7. Robert Koch-Institut Berlin.

Anonymous 1998b. Untersuchung von Lebensmitteln: Horizontales Verfahren für den Nachweis und die Zählung von Listeria monocytogenes. Teil1: Nachweisverfahren (L.00.00.32) 2006. (Übernahme der gleichnamigen Norm DIN EN ISO 11290-1). In: Amtliche Sammlung von Untersuchungsverfahren nach Lebensmittel- und Futtergesetzbuch (§64 LFGB).

Anonymous 2000a. Nachweis von Campylobacter jejuni und Campylobacter coli in Lebensmitteln durch Amplifizierung spezifischer Gensequenzen mit der Polymerase-Kettenreaktion. Bundesgesundheitsblatt 2000;43:816-24.

Anonymous 2000b. Untersuchung von Lebensmitteln: Verfahren zum Nachweis von Salmonellen in Lebensmitteln mit der Polymerase Kettenreaktion. L00.00.52. In: Amtliche Sammlung von Untersuchungsverfahren nach §35 LMBG, 2000, Berlin, Deutschland. Beuth Verlag. (Übernahme der gleichlautenden Norm DIN 10135, Ausgabe November 1999).

Anonymous 2002a. Foodborne diseases, emerging. World health organization, Fact sheet No.124, rev. 2002. (Accessed January 4, 2006 at http://www.who.int/mediacentre/factsheets/fs124/en/print.html)

Anonymous 2002b. Food safety and foodborne illness. World health organization, Fact sheet No. 237, rev. 2002. (Accessed January 5, 2006 at http://www.who.int/mediacentre/factsheets/fs237/en/print.html)

Anonymous 2002c. Salmonellose. Merkblatt für Ärzte. (Accessed March 17, 2006, at http://www.ri.de/cln_011/nn_225576/DE/Content/Infekt/EpidBull/ Merkblaetter/Mbl_Salmonellose.html)

Anonymous 2002d. Microbiology of food and animal feeding stuffs – horizontal method for the detection of Salmonella. EN ISO 6579:2002, ISO, Geneva, Switzerland.

Anonymous 2002e. Microbiology of food and animal feeding stuffs. Polymerase chain reaction (PCR) for the detection of food-borne pathogens. General method-specific requirements. 2002, ISO, Geneva, Switzerland.

Anonymous 2002f. Gesundheitsrisiko Listerien. BVET-Magazin 2002;3/2002:14-15. Bundesamt für Veterinärwesen, Bern, Schweiz.

Anonymous 2002g. Nachweis von Listeria monocytogenes in Lebensmitteln mit der Polymerase-Kettenreaktion (PCR). Bundesgesundheitsblatt 2002;45:59-66.

Anonymous 2002h. §64 LFGB L 00.00-32. Horizontales Verfahren für den Nachweis und die Zählung von Listeria monocytogenes; Teil 1: Nachweisverfahren. Berlin, Deutschland. Beuth Verlag.

Anonymous 2003a. §64 LFGB L 00.00-20. Untersuchung von Lebensmitteln – Horizontales Verfahren zum Nachweis von Salmonella spp. in Lebensmitteln (Übernahme der gleichnamigen Norm DIN EN ISO 6579, Ausgabe März 2003) Berlin, Deutschland. Beuth Verlag.

Anonymous 2003b. Enternet proposed Standard-Protocol for PFGE. 2003. (Accessed August 23, 2005 at http://www.foodborne-net.de/content/e25/e70/e580/index_ger.html.)

Anonymous 2004. WHO Surveillance programme for control of foodborne infections and intoxications in Europe. BfR, Berlin, Germany, Newsletter 81/82, 2004.

Anonymous 2005a. Foodborne illness. Frequently asked questions. Centers for disease control and prevention. Department of health and human services, Atlanta, USA. Januar 2005. (Accessed January 4, 2006 at http://www.cdc.gov/ncidod/dbmd/diseaseinfo/files/food borne_illness_FAQ.pdf.)

Anonymous 2005b. Zu einem überregionalen Ausbruch von Salmonella Bovismorbificans: Erste Ergebnisse einer Fall-Kontroll-Studie. Epidemiologisches Bulletin, Robert-Koch-Institut, Berlin, 2005,7:54-55.

Anonymous 2005c. Infektionsepidemiologisches Jahrbuch meldepflichtiger Krankheiten, Jahresstatistiken nach Bundesland für 2005, 2006, 2007, (Accessed July 10, 2008 at http:/www.rki.de/cln_048/nn_205772/DE /Content/Infekt/Jahrbuch/jahrbuch__node.html)

Anonymous 2005d. Amtsblatt der Europäischen Union. Verordnung (EG) Nr. 2073/2005 der Kommission vom 15. November 2005 über mikrobiologische Kriterien für Lebensmittel. 2005, L338/1-26.

Anonymous 2006a. 3 General information related to microbiological risks in food. World Health Organization WHO. Genf, Schweiz. (Accessed January 4, 2006 at http://www.who.int/foodsafety/micro/general/en/print.html)

Anon 2006b. Salmonellose. Merkblatt für Ärzte (accessed March 17, 2006, at http://www.rki.de/cln_011/nn_225576/DE/Content/Infekt/EpidBull/Merkblaetter/Mbl__Salmonellose.html

Anonymous 2006c. ISO (2006a). ISO 10272-1:2006 Microbiology of food and animal feeding stuff- Horizontal method for detection and enumeration of Campylobacter spp. Part 1: Detection method. ISO, Geneva, Switzerland.

Anonymous 2006d. Infektionsepidemiologisches Jahrbuch meldepflichtiger Krankheiten für 2006. Robert Koch-Institut, Berlin 2007:124-8. (Accessed July 24,2008, at http://www.rki.de/cln_091/nn_205772/DE/Content/Infekt /Jahrbuch/Jahrbuch2006.html.

Anonymous 2006e. Fluorescent probes for Real-Time quantitative PCR. (accesed March 10, 2006 at http://www.proligo.com/pdf_files/PP_Fluorescent Probes.pdf)

Anonymous 2006f. Laborjournal online. Methoden Real Time Quantitative PCR Teil 1-3. (accessed March 09, 2006 at http://www.biotech-europe.de/rubric/methoden/in dex.html)

Anonymous 2007a. Fact Sheet Nr 237. Food safety and foodborne illness. WHO, Reviewed 2007, World Health Organization WHO, Genf, Schweiz.

Anonymous 2007b. The Community Summary Report on Trends and Sources of Zoonoses, Zoonotic Agents, Antimicrobial Resistance and Foodborne Outbreaks in the European Union in 2006, The EFSA Journal 2007:130.

Anonymous 2007c. Infektionsepidemiologisches Jahrbuch meldepflichtiger Krankheiten für 2006 des RKI Robert-Koch-Institut. Berlin, 2007.

Anonymous 2007d. Annual epidemiological report on communicable diseases in Europe. Report on the status of communicable diseases in the EU and EEA/EFTA countries.

Amato-Gauci A, Ammon A, eds. 2007:132-137. Stockholm, Sweden. ECDC, European Centre for Disease Prevention and Control, 2007. (Accessed July 24, 2008 at http:/www.ecdc.europa.eu/pdf/ECDC_epi_ report_2007.pdf)

Anonymous 2007e. The Community Summary Report on Trends and Sources of

Zoonoses, Zoonotic Agents, Antimicrobial Resistance and Foodborne Outbreaks in the European Union in 2006, The EFSA Journal 2007;130. (Accessed July 25,2008 at http:/www. efsa.europa.eu:80/cs/BlobServer/DocumentSet/Zoon_report_2006_summary _en.pdf?ssbinary=true)

Anonymous 2007f. *Campylobacter-jejuni*-Infektionen treten 2007 vermehrt auf. Epidemiologisches Bulletin Nr. 3. Robert-Koch-Institut. Berlin 2007. (Accessed October 2, 2008 at http://www.ri.de/cln_100/nn_466816/DE /Content /Infekt/EpidBull/Archiv/2007/36__07.html).

Anonymous 2008. Epidemiologisches Bulletin, 5/2008, Robert Koch Institut. Robert Koch Institut, Berlin.

Atanassova V, Ring, C. Prevalence of Campylobacter spp. in poultry meat in Germany. Int J Food Microbiol 1999 Oct 15;51(2-3):187-90.

Bart S, Bauerfeind R. Virulenzplasmide bei Salmonella enterica – Vorkommen und Eigenschaften. (2005) Berl. Münch. Tierärztl. Wsch. 118 (1/2) 8-23.

Baravelli M, Fantoni C, Rossi A, Cattaneo P, Anza C. Guillain-Barré Syndrome as a neurological complication of infective endocarditis. Is it really so rare and how often do we recognise it? Int. J Cardiol. 2008 Jan 10 epub.

Bassler HA, Flodd SJ, Livak KJ, Marmaro J, Knorr R, Batt CA. Use of a fluorogenic probe in a PCR-based assay for the detection of Listeria monocytogenes. Appl Environ Microbiol 1995;61(10):3724-8.

Bast E, Molekularbiologische Methoden: Eine Einführung in grundlegende Arbeitstechniken. 2. Aufl. Spektrum Verlag, Heidelberg, 2001:299-306.

Bej A, Mahbubani MH, Boyce MJ, Atlas RM. Detection of Salmonella spp. In oysters by PCR. Appl Environ Microbiol 1994;60(1):368-73.

Best EL, Powell EJ, Swift C, Grant KA, Frost JA. Applicability of a rapid duplex real-time PCR assay for speciation of Campylobacter jejuni and Campylobacter coli directly from culture plates. FEMS Microbiol Lett 2003;229:237-41.

Beutling D. Vorkommen und Überleben von Campylobacter in Lebensmitteln. Arch Lebensmittelhyg 1998;49:13-5.

Bockemühl J. Situation der Salmonellosen. Kurzfassung eines Vortrages vom Seminar: Salmonellen, 30.09.1997 in Hamburg. (Accessed May 5, 2004, at http:/www.haccp.de/salmsit.htm).

Bohaychuk VM, Gensler GE, McFall ME, King RK, Renter DG. A real-time PCR assay for the detection of Salmonella in a wide variety of food and food-animal matrices. J Food Prot 2007;70(5):1080-7.

Bolton FJ, Wareing DR, Skirrow MB, Hutchinson DN. Identification and biotyping of campylobacters. In: Board GR, Jones D, Skinner FA, eds. Identification methods in applied and environmental microbiology. 1992. Society for Applied Microbiology, Technical Series 29. Oxford, England: Blackwell Scientific Publication, 1992:151-61.

Border PM, Howard JJ, Plastow GS, Siggens KW. Detection of Listeria species and

Listeria monocytogenes using polymerase chain reaction. Lett Appl Microbiol 1990;11(3):158-62.

Brandis H, Eggers HJ, Köhler W, Pulverer G. Lehrbuch der medizinischen Mikrobiologie. 7. Auflage. Stuttgart/Jena, Deutschland. Gustav Fischer Verlag 1994.

Bräunig J. Global trade and food safety. In: 5th World Congress Foodborne Infections and Intoxications, Abstracts. BfR, Berlin, Germany, 2004.

Brenner FW, Villar RG, Angulo FJ et al. Salmonella nomenclature. Guest commentary. J Clin Microbiol 2000;38(7);2465-7.

Bubert A, Köhler S, Goebel W. The homologous and heterologous regions within the iap gene allow genus- and species-specific identification of Listeria spp. by polymerase chain reaction. Appl Environ Microbiol1992;58(8):2625-32.

Busch U, Knoll-Sauer M, Mühlbauer B, Zucker R, Huber I, Beck H. Nachweis von Campylobacter coli, Campylobacter jejuni, Listeria monocytogenes und Salmonella spp. mit dem Nutri®Chip-Analysekit. In: DVG, eds. Proceedings der 42. Arbeitstagung des Arbeitsgebietes "Lebensmittelhygiene", Garmisch-Partenkirchen, 2002:273-8.

Daikoku T, Kawaguchi M, Takama K, Suzuki S. Partail. Purification and Characterization of the Enterotoxin produced by Campylobacter jejuni. Infect Immun 1990;58(8):2414-9.

Denis M, Soumet C, Rivoal K et al. Development of a m-PCR assay for simultaneous identification of Campylobacter jejuni and C. coli. Lett Appl

Microbiol 1999;29:406-10.

Ellingson JL, Anderson JL, Carlson SA, Sharma VK. Twelve hour Real-time PCR technique for the sensitive and specific detection of Salmonella in raw and ready-to-eat meat products. Mol Cell Probes 2004;18(1):51-7.

Fach P, Dilasser F, Grout J, Tache J. Evaluation of a polymerase chain reaction-based test for detecting Salmonella spp. In food samples: Probelia Salmonella spp. J Food Prot 1999;62(12):1387-93.

Farber JM, Peterkin PI. Listeria monocytogenes, a food-borne pathogen. Microbiol Rev 1991;55(3):476-511.

Fehlhaber K. Modern harvesting, processing and packaging technologies and foodborne diseases. In: 5th World Congress Foodborne Infections and Intoxications, Abstracts. BfR, Berlin, Germany, 2004.

Fredriksoon-Ahomaa M, Korkeala H. Low occurrence of pathogenic Yersinia enterocolitica in clinical, food and environmental samples: a methodological problem. Clin Microbiol Rev. 2003;16(2):220-9

Furrer B, Candrian U, Hoefelein C, Luethy J. Detection and identification of Listeria monocytogenes in cooked sausage products and in milk by in vitro amplification of haemolysin gene fragments. J Appl Bacteriol 1991;70(5):372-9.

Garg AX, Pope JE, Thiessen-Philbrook H, Clark WF, Ouimet J, Walkerton Health Study investigators. Arthritis risk after acute bacterial gastroenteritis. Rheumatology (Oxford), 2008;47(2):200-4. Epub 2008 Jan 9.

Gilsdorf A et al. A nationwide outbreak of Salmonella Bovismorbificans PT24, Germany, December 2004-March 2005. Eurosurveillance weekly release, volume 10, issue 12, 2005 (accessed April 8, 2008 at http://www.eurosurveillance.org/ew/2005/050324.asp#1).

Hamon M, Bierne H, Cossart P. Listeria monocytogenes: a multifaceted model. Nat Rev Microbiol 2006;4(6):423-34.

Hänel F, Saluz HP. DNA-Chips – ein kurzer Überblick. BIOforum 1999;9:504-7.

Hartmann LJ, Coyne SR, Norwood DA. Development of a novel internal positive control for Taqman based assays. Mol Cell Probes 2005;19(1):51-9.

Hartung M, Helmuth R. Salmonella – Teil 1: Epidemiologische Situationen bei Tieren, Lebens- und Futtermitteln. In: M. Hartung (Hrsg): Bericht über die epidemiologische Situation der Zoonosen in Deutschland für 1996. BgVV-Heft 9, 25-35.

Hein I, Flekna G, Krassnig M, Wagner M. Real-Time PCR for the detection of Salmonella spp. in food: An alternative approach to a conventional PCR system suggested by the FOOD-PCR project. J Microbiol Methods 2006;66(3):538-47.

Hein I, Klein D, Lehner A, Bubert A, Brandl E, Wagner M. Detection and quantification of the iap gene of Listeria monocytogenes and Listeria innocua by a new real-time quantitative PCR assay. Res Microbiol 2001;152(1):37-46.

Hernandez J, Alonso JL, Fayos A, Amoros I, Owen RJ. Development of a PCR assay combined with a short enrichment culture for detection of Campylobacter jejuni in estuarine surface waters. FEMS Microbiol Lett 1995;127(3):201-6.

Hof H. Spezielle Bakteriologie. In: Hof H, Müller RL, Dörries R, eds. Mikrobiologie, Duale Reihe. Stuttgart, Deutschland: Thieme Verlag, 2000:361-370; 416-417.

Hof H, Szabo K, Becker B. Epidemiology of listeriosis in Germany: a changing but ignored pattern. Dtsch Med Wochenschr 2007;132(24):1343-8.

Hood AM, Pearson AD, Shahamat M. The extent of surface contamination of retailed chickens with Campylobacter jejuni serogroups. Epidemiol Infect 1988;100(1):17-25

Hoorfar J, Ahrens P, Radstrom P. Automated 5'nuclease PCR assay for identification of *Salmonella enterica*. J Clin Microbiol 2000; 38(9):3429-35.

Hoorfar J, Malorny B, Abdulmawjood A, Cook N, Wagner M, Fach P. Practical considerations in design of internal amplification controls for diagnostic PCR assays. J Clin Microbiol 2004;42(5):1863-1868.

Hoorfar J, Cook N, Malorny B et a. Making internal amplification control mandatory for diagnostic PCR. J Clin Microbiol 2003;41(12):5835.

Hübner P, Gautsch S, Jemmi T. In house-Validierung mikrobiologischer Prüfverfahren. Mitt Lebensm Hyg 2002;93:118-39.

Iijima Y, Asako NT, Aihara M, Hayashi K. Improvement in the detection rate of diarrhoeagenic bacteria in human stool specimens by a rapid real-time PCR assay. J Med Microbiol 2004;53:617-22.

Jemmi T, Stephan R. Listeria monocytogenes: food-borne pathogen and hygiene indicator. Rev Sci Tech 2006;25(2):571-80.

Johnson MG, Vaughn RH. Death of Salmonella Typhimurium and Escherichia coli in the Presence of freshly reconstituted dehydrated garlic and onion. Appl Microbiol 1996;17(6):903-5.

Josefsen MH, Krause M, Hansen F, Hoorfar J. Optimization of a 12-hour TaqMan PCR-based method for detection of Salmonella bacteria in meat. Appl Environ Microbiol 2007;73(9):3040-8

Josefsen MH, Jacobsen NR, Hoorfar J. Enrichment followed by quantitative PCR both for rapid detection and as a tool for quantitative risk assessment of food-borne thermotolerant Campylobacter. Appl Environ Microbiol 2004a;70(6):3588-92.

Josefsen MH, Lübeck PS, Hansen F, Hoorfar J. Towards an international standard for PCR-based detection of foodborne thermotolerant campylobacters: interaction of enrichment media and pre-PCR treatment on carcass rinse samples. J Microbiol Methods 2004b;58(1):39-48.

Kathariou S. Listeria monocytogenes virulence and pathogeneicity, a food safety perspective. J Food Prot 2002;65(11):1811-29.

Keramas D, Bang D, Lund M et al. Use of culture, PCR analysis and DNA microarrays for detection of Campylobacter jejuni and Campylobacter coli from chicken feces. J Clin Microbiol 2004;42(9):3985-91.

Kivi M, Van Pelt W, Notermans D Van de Giessen A, Wannet W, Bosman A. Large outbreak of Salmonella Typhimurium DT104. Euro Surveillance weekly releases 2005;10;12. (Accessed January 5, 2006 at http://www.eurosurveillance.org/ew/2005/051201.asp)

Kist M. Wer entdeckte Campylobacter jejuni/coli? Eine Zusammenfassung bisher unberücksichtigter Literaturquellen. Zbl. Bakt Hyg. A 1986;261:177-86.

Kist, M. Lebensmittelbedingte Infektionen durch Campylobacter. Bundesgesundheitsbl – Gesundheitsforsch-Gesundheitsschutz 2002;45:497-506.

Kist M, Campylobacter. In: Hofmann F. Handbuch der Infektionskrankheiten. 17. Erg.Lfg. 11/06. VIII 1.6:1-12. Landsberg, Deutschland, Verlag ecomed 2006.

Klerks MM, Zijlstra C, van Bruggen AH. Comparison of real-time PCR methods for detection of Salmonella enterica and Escherichia coli O157:H7, and introduction of a general internal amplification control. J Microbiol Methods 2004;42(5):1863-1869.

Koch J et al. Salmonella Agona outbreak from contaminated aniseed, Germany. Emerg Infect Dis 2005;11(7):1124-7.

Köhler W, Mochmann H. 1980 Grundriss der Medizinischen Mikrobiologie. Gustav Fischer Verlag Jena, 5. Auflage.

Koo K, Jaykus LA. Detection of Listeria monocytogenes from a model food by fluorescence resonance energy transfer-based PCR with an asymmetric fluorogenic probe set. Appl Environ Microbiol 2003;69(2):1082-8.

Kramer JM, Frost JA, Bolton FJ und Wareing DR. Campylobacter contamination of raw meat and poultry at retail sale: Identification of multiple types and comparison with isolates from human infection. J. Food Prot 2000;63(12):1654-59.

Lawson AJ, Desai M, O'Brien SJ et al. Molecular characterisation of an outbreak strain of multiresistant *Salmonella enterica* serovar Typhimurium DT104 in the UK. Clin Microbiol Infect. 2004;10(2):143-7.

Lee LG, Connell CR, Bloch W: Allelic discrimination by nick-translation PCR with fluorogenic probes. Nucl Acids Res.1992:21:3761-6.

Lehmacher A, Bockemühl J, Aleksic S. Nationwide outbreak of human salmonellosis in Germany due to contaminated paprika and paprika- powdered potatoe chips. Epidemiol Infect 1995;115(3):501-11.

Leidreiter, MT. Untersuchungen zum Nachweis von Listeria monocytogenes in Schweinehackfleisch: Kulturelle Referenzmethode, ELISA, PCR und Microarray. 2002, Hannover, Tierärztl. Hochschule, Diss.

Leonard EE 2nd, Tompkins LS, Falkow S, Nachamkin I. Comparison of Campylobacter jejuni isolates implicated in Guillan-Barré Syndrome and strains that cause enteritis by a DNA microarray. Infect Immun 2004;72:1199-203.

Lianou A, Sofos JN. A review of the incidence and transmission of Listeria monocytogenes in ready-to-eat products in retail and food service environments. J Food Prot 2007;70(9):2172-89.

Lick S, Mayr A, Müller M, Anderson A, Hotzel H, Huber I. Konventionelle PCR- und Real-time PCR-Verfahren zum Nachweis von thermophilen Campylobacter jejuni, C. coli und C. lari: ein Überblick. J Verbr Lebensmittel 2007;2(2):161-70.

Liu D. Identification, subtyping and virulence determination of Listeria monocytogenes, an important foodborne pathogen. J Med Microbiol 2006;55:645-59

Logan JM, Edwards KJ, Saunders NA, Stanley J. Rapid identification of Campylobacter spp. by melting peak analysis of biprobes in Real-Time PCR. J Clin Microbiol 2001;39(6):2227-32.

Lottspeich F, Zorbas H (Hrsg) Bioanalytik. Spektrum Akademischer Verlag. Heidelberg Berlin 1998.

Lubenow, E. Untersuchungen zum Nachweis von Salmonellen in natürlich und künstlich kontaminierten Lebensmitteln mittels kultureller Methode, ELISA, PCR und Microarray. 2002, Hannover, Tierärztl. Hochschule, Diss.

Lund M, Nordentort K, Pedersen M, Madsen M. Detection of Campylobacter spp. In chicken fecal samples by real-time PCR. J Clin Microbiol 2004;42(11):5125-32.

Maciorowski KG, Pillai, Sd, Jones FT et al. Polymerase chain reaction detection of foodborneSalmonella spp. in animal feeds. Crit Rev Microbiol. 2005; 31(1):45-53.

Malorny B, Anderson A, Huber I. Salmonella real-time PCR-Nachweis. J Vebr Lebensm 2006;1:1-8.

Malorny B, Bunge C, Helmuth R. A real-time PCR for the detection of Salmonella Enteritidis in poultry meat and consumption eggs. J Microbiol Methods 2007a;70(2):245-51.

Malorny B, Guerra B, Zeltz P et al. Typing of Salmonella by DNA-microarrays. Berl Munch Tierarztl Wochenschr 2003;116(11-12):482-6.

Malorny , Mäde D, Teufel P, Berghof-Jäger C, Huber I, Anderson A, Helmuth R. Multicenter validation study of two blockcycler- and one capillary-based real-time PCR methods for the detection of Salmonella in milk powder. Int J Food Microbiol. 2007;117(2):211-8.

Malorny B, Paccassoni E, Fach P, Bunge C, Martin A, Helmuth R. Diagnostic Real-time PCR for detection of *Salmonella* in food. Appl Environ Microbiol 2004;70(12):7046-52.

Manzano M, Cocolin L, Ferroni P et al. Identification of Listeria species by a semi-nested polymerase chain reaction. Res Microbiol 1996;147(8):637-40.

McCarthy N, Giesecke J. Incidence of Guillain-Barré syndrome following infection with Campylobacter jejuni. Am J Epidemiol 2001;153(6):610-4.

McKillip JL, Drake M. Real-Time nucleic acid-based detection methods for pathogenic bacteria in food. J Food Prot 2004;67(4):823-32.

Mead PS, Slutsker L, Dietz V et al. Food related illness and death in the United States. Emerging infectious diseases 1999;5(5):607-25.

Methner U. Nationales Referenzlabor für Salmonellose der Rinder. 2006. (accessed March 17, 2006, at http://www.fli.bund.de/NRL_fuer_ salmonellose. 132.0.html).

Moore MM, Feist MD. Real-time PCR method for *Salmonella spp.* targeting the *stn* gene. J Appl Microbiol 2007;102(2):516-30.

Mühlhardt C. Methoden Real Time Quantitative PCR Teil 1-3. Laborjournal online. (Accessed Mar 09, 2006 at http://www.biotech- europe.de/rubric/ methoden/index.html)

Müffling T von, Huber I, Seyboldt C et al. Simultaner Nachweis von *Salmonella spp.*, *Campylobacter jejuni* und *L. monocytogenes* in Lebensmitteln. Fleischwirtschaft 2003;12:97-100.

Nachamkin I, Bohachick K, Patton CM. Flagellin gene typing of Campylobacter jejuni by restriction fragment length polymorphism analysis. J Clin Microbiol 1993;31:1531-6.

Nastasi A, Mammina C, Salsa L. Outbreak of *Salmonella enteritis bongori* 48:z35:- in Sicily. Euro Surveill 1999;4(9):97-99.

Newell DG. Campylobacter - 25 years old and still an emerging disease? In: 5th World Congress Foodborne Infections and Intoxications, Abstracts. BfR,

Berlin, Germany, 2004.

Niederhauser C, Candrian U, Höfelein C, Jemini M, Bühler HP, Lüthy J. Use of Polymerase chain reaction for detection of Listeria monocyotogenes in food. Appl Environ Microbiol 1992;58(5):1564-8.

Nogva HK, Bergh A, Holck A, Rudi K. Application of the 5`-nuclease PCR assay in evaluation and development of methods for quantitative detection of Campylobacter jejuni. Appl Environ Microbiol 2000;66:4029-36.

Nogva HK, Rudi K, Naterstad K, Holck A, Lillehaug D. Application of 5`- nuclease PCR for quantitative detection of Listeria monocytogenes in pure cultures, water, skim milk and unpasteurized whole milk. Appl Environ Microbiol 2000;66(10):4266-71.

Norton DM. Polymerase Chain Reaction-Based Methods for Detection of Listeria monocytogenes; Toward Real-Time Screening for Food and Environmental Samples. J AOAC Int 2002;85(2):505-15.

Norton DM, Batt CA. Detection of viable Listeria monocytogenes with a 5 ′nuclease PCR assay. Appl Environ Microbiol 1999;65(5):2122-7.

Notzon A, Helmuth R, Bauer J. Evaluation of an immunomagnetic separation-real-time-PCR assay for the rapid detection of *Salmonella* in meat. J Food Prot 2006;69(12):2896-901.

On SL, Nielsen EM, Engberg J et al. Validity of SmaI-defined genotypes of *Campylobacter jejuni* examined by SalI, KpnI, and BamHI polymorphisms: evidence of identical clones infecting humans, poultry, and cattle.

Epidemiol Infect. 1998;120(3):231-7.

On SL. Taxonomy of Campylobacter, Arcobacter, Helicobacter and related bacteria: current status, future prospects and immediate concerns. J Appl Microbiol 2001;90:1-15.

Oyofo BA, Thornton SA, Burr DH, Trust TJ, Pavlovskis OR, Gerry P. Specific detection of Campylobacter jejuni and Campylobacter coli by using polymerase chain reaction. J Clin Microbiol 1992;30:2613-9.

Pangallo D, Kaclikova E, Kuchta T, Drahovska H. Detection of Listeria monocytogenes by polymerase chain reaction oriented to inlB gene. New Microbiol 2001;24(4):333-9.

Perry JD, Freiydiere AM. The application of chromogenic media in clinical microbiology. J Appl Microbiol 2007;103(6):2046-55.

Peters TM et al. The Salm-gene project – a European collaboration for DNA fingerprinting for food-related salmonellosis. Eurosurveillance 2003;02/03 Vol.8 Nr. 2:46-50.

Powell HA, Gooding CM, Garrett SD, Lund BM, McKee RA. Proteinase inhibition of the detection of Listeria monocytogenes in milk using the polymerase chain reaction. Lett App. Microbiol, 1994;18:59-61.

Prager R, Tschäpe H. Genetic fingerprinting (PFGE) of bacterial isolates for their molecular epidemiology. Berl Munch Tierarztl Wochenschr. 2003;116(11-12):474-81.

Rahn K et al. Amplification of an *invA* gene sequence of Salmonella Typhimurium by polymerase chain reaction as a specific method of detection of *Salmonella*. Mol Cell Probes 1992;6(4):271-9.

Ramaswamy V, Cresence VM, Rejitha JS et al. Listeria – review of epidemiology and pathogenesis. J Microbiol Immunol Infect 2007;40:4-13.

Rantsiou K, Alessandria V, Urso R, Dolci P, Cocolin L. Detection, quantification and vitality of Listeria monocytogenes in food as determined by quantitative PCR. Int J Food Microbiol 2008;121(1):99-105.

Rasmussen HN, Olsen JE, Jorgensen K, Rasmussen OF. Detection of Campylobacter jejuni and Campylobacter coli in chicken fecal samples by PCR. Lett Appl Microbiol 1996;23(5):363-6.

Robinson DA. Infective Dose of Campylobacter jejuni in milk. British Medical Journal (Clin Res Ed) 1981; 282(6276):1584.

Rosenstraus M, Wang Z, Chang SY, DeBonville D, Spadoro JP. An internal control for routine diagnostic PCR: design, properties and effect on clinical performance. J Clin Microbiol 1998;36(1):191-7.

Rossen L, Holmstrom K, Olsen JE, Rasmussen OF. A rapid polymerase chain reaction (PCR-)-based assay for the identification of Listeria monocytogenes in food samples. Int J Food Microbiol 1991;14(2):145-51.

Rossen L, Noerskov P, Holmstroem K, Rasmussen OF. Inhibition of PCR by components of food samples, microbial diagnostic assays and DNA- extraction solutions. Int J Food Microbiol 1992;17(1):37-45.

Rossmanith P, Krassnig M, Wagner M, Hein I. Detection of Listeria monocytogenes in food using a combined enrichment/real-time PCR method targeting the prfA gene. Res Microbiol 2006;157(8):763-71.

Roth S, Abdulmawjood A, Bülte M. Escherichia coli O157-PCR: Entwicklung und Anwendung im Rahmen des EU Projektes "Food-PCR" für gesundheitlich bedenkliche Mikroorganismen in Lebensmitteln. Arch Lebensmittelhyg 2003:54:113-7.

Rudi K, Hoidal HK, Katla T et al. Direct Real-Time PCR quantification for Campylobacter jejuni in chicken fecal and cecal samples by integrated cell concentration and DNA purification. Appl Environ Microbiol 2004,70(2):790-7.

Sachs L. Angewandte Statistik. 8. Auflage. Berlin, Deutschland: Springer Verlag 1997.

Saiki RK, Scharf S, Faloona F et al. Enzymatic amplification of beta-globin genomic sequences and restriction site analysis for diagnosis of sickle cell anemia. Science. 1985;230(4732):1350-4.

Sails A, Fox AJ, Bolton FJ, Wareing DR, Greenway DL. A Real-time PCR assay for the detection of Campylobacter jejuni in foods after enrichment culture. Appl Environ Microbiol 2003;69(3):1383-90.

Scheu P, Gasch A, Zschaler R, Berghof K, Wilborn F. Evaluation of a PCR-ELISA for food testing: detection of selected Salmonella serovars in confectionery products. Food Biotech- nol 1998;12(1&2):1-12.

Scheu P, Gasch A, Berghof K. Rapid detection of Listeria monocytogenes by PCR-ELISA. Lett Appl Microbiol 1999;29(6):416-20.

Schlundt J, Toyofuku H, Jansen J, Herbst SA. Emerging food-borne zoonoses. Rev Sci Tech 2004;23(2):513-33.

ShopsinB, Kreiswirth BN. Molecular epidemiology of Methicillin-resistant *Staphylococcus aureus*. Emerg Infect Dis. Review. 2001;7(2):323-6.

Siegrist HH, Blanc DS. Typisierung von Bakterien: Methoden und epidemiologische Aussagekraft. Swiss- Noso, Nosokomiale Infektionen und Spitalhygiene, 1995. 03/95 Band 2   Nr. 1.

Taguri T, Tanaka T, Kouno I. Antimicrobial activity of 10 different plant polyphenols against bacteria causing food-borne disease. Biol Pharm Bull 2004; 27(12):1965-9.

Tauxe RV. Emerging foodborne pathogens. Int J Food Microbiol 2002;78(1-2):31-41.

Ternhag A, Törner A, Svensson A, Ekdahl K, Giesecke J. Short- and long-term effects of bacterial gastrointestinal infections. Emerg Infect Dis. 2008 Jan; 14(1);143-8.

Tiwari RP, Bharti SK, Kaur HD, Dikshit RP, Hoondal GS. Synergistic antimicrobial activity of tea and antibiotics. Indian J Med Res 2005; 122:80-4.

Tschäpe H. Vortrag im Rahmen des Symposiums "Salmonellen bei Mensch und

Tier". 01. Juni 2005, Oberschleißheim.

Van Doorn, LJ, Giesendorf BA, Bax, R, Van der Zeijst BA, Vandamme P, Quint WG. Molecular discrimination between Campylobacter jejuni, Campylobacter coli, Campylobacter lari and Campylobacter upsaliensis by polymerase chain reaction based on a novel GTPase gene. Mol Cell Probes 1997;11(3)177-85.

Vazquez-Boland JA, Kuhn M, Berche P et al. Listeria pathogenesis and molecular virulence determinants. Clin Microbiol Rev 2001;14:584-640.

Walker RI, Caldwell MB, Lee EC, Guerry P, Trust TJ, Ruiz-Palacios GM. Pathophysiology of Campylobacter Enteritis. Microbiol Rev 1986;50(1):81-94.

Wang RF, Cao WW, Johnson MG. 16S rRNA-based probes and polymerase chain reaction method to detect Listeria monocytogenes cells added to food. Appl Environ Microbiol 1992;58(9):2827-31.

Watson RO, Galan JE. Campylobacter jejuni survives within epithelial cells by avoiding delivery to lysosomes. PloS Pathogen 2008 ;4(1):e14.

Wegmüller B, Lüthy J, Candrian U. Direct polymerase chain reaction detection of Campylobacter jejuni and Campylobacter coli in raw milk and dairy products. Appl Environ Microbiol 1993;59(7):2161-5.

Werber D. Ausbruchsuntersuchungen zu EHEC-Erkrankungen. 2003. (Accessed August 08, 2005 at www.foodborne-net.de/content/e25/e100/index_ger.html).

Werber D, Dreesman J, Feil F et al. International outbreak of Salmonella Oranienburg due to german chocolate. BMC Infect Dis. 2005,5:7.

Werlein H, Gerlach, K. Aktuelles zu Salmonellen bei Mensch und Tier. Rückblick "Symposium 2005 in Oberschleißheim". Hygiene Report 3/2005, 30, Dr. Harnisch Verlags GmbH, Nürnberg.

Westermeier R. Elektrophorese Praktikum. VCH Verlag Weinheim 1990.

Wieler LH, Bauerfeind R. Salmonella -Infektionen beim Tier und deren Bedeutung für die Human- und Tiergesundheit. 1999. (accessed March 17, 2006 at http://www.animal-health-online.de/drms/klein/salmonella.htm)

Williams D, Irvin EA, Chmielewski RA, Frank JF, Smith MA. Dose-response of Listeria monocytogenes after oral exposure in pregnant guinea pigs. J Food Prot 2007;70(5):1122-8.

Wilson IG. Inhibition and facilitation of nucleic acid amplification. Appl Environ Microbiol 1997;63:3741-51.

Wieland A et al. Validation of the NUTRI®-Chip-Kit – a microarray-based detection system for bacterial pathogens in food. Posterpräsentation VAAM-Jahrestagung, Göttingen, 2002.

Wilson WJ, Strout CL, DeSantis TZ et al. Sequence-specific identification for 18 pathogenic microorganisms using microarray technology. Mol Cell Probes. 2002;16(2):119-27.

Wonderling L, Pearce R, Wallace F et al. Use of Pulse-Field gel electrophoresis to characterize the heterogeneity and clonality of *Salmonella* isolates obtained from the carcasses and feces of swine and slaughter. Appl Environ Microbiol 2003;69(7):4177-82.

7 Anhang

7.1 Publikationen, Poster und Tagungsbeiträge

Annette Anderson geb. Wieland

- Wieland A, Huber, I, Mäde D, Müller-Hohe, E, Geppert J, Pietsch K. Rapid detection of Salmonella spp. in food by Real-Time PCR. 5. Weltkongress Lebensmittelinfektionen und - intoxikationen. Berlin, 07.06.-11.06.2004.

- Wieland A, Huber I, Mäde D, Müller-Hohe E, Steegmüller J, Pietsch, K. Schnellverfahren zum Nachweis von Salmonella spp. in Lebensmitteln mit Real-Time PCR. Symposium „Schnellmethoden und Automatisierung in der Lebensmittel-Mikrobiologie" an der Fachhochschule Lippe und Höxter. Lemgo, 14.07.-16.07.2004.

- Wieland A, Huber I, Mäde D, Müller-Hohe E, Steegmüller J, Pietsch, K. Nachweis von Campylobacter coli und Campylobacter jejuni in Lebensmitteln mit Real-Time PCR. 45. Arbeitstagung Lebensmittelhygiene der Deutschen Veterinärmedizinischen Gesellschaft. Garmisch-Partenkirchen, 28.09.-01.10.2004.

- Huber I, Wieland A, Rissler K, et al. Einsatz der Microarray-Technologie zur mikrobiellen Kontrolle von Lebensmitteln. 2001. In: 41. Arbeitstagung des Arbeitsgebietes „Lebensmittelhygiene", Garmisch-Partenkirchen.

- Anderson A, Pietsch K, Zucker R, Mayr A, Müller-Hohe E, Messelhäuser U, Sing A, Busch U, Huber I. Validation of a Duplex Real-Time PCR for the detection of Salmonella spp. in different food products. Food Analytical Methods 2011;4:259-267.

- Malorny B, Anderson A, Huber I. Salmonella real-time PCR-Nachweis. J Verbr Lebensmittel 2006;1:1-8.

- Malorny B, Mäde D, Teufel P, Berghof-Jäger C, Huber I, Anderson A, Helmuth R. Multicenter validation study of two blockcycler- and one capillary-based real-time PCR methods for the detection of Salmonella in milk powder. Int J Food Microbiol 2007;117:211-218.

- Lick S, Mayr A, Müller M, Anderson A, Hotzel H, Huber I. Konventionelle PCR- und Real-Time PCR-Verfahren zum Nachweis von thermophilen Campylobacter jejuni, C. coli und C. lari: ein Überblick. J Verbr Lebensmittel 2007;2(2):161-170.

7.2 Abkürzungsverzeichnis

%(v/v)	Volumenprozent pro Volumen
% (w/v)	Gewichtsprozent pro Volumen
BfR	Bundesinstitut für Risikobewertung
bp	Basenpaar(e)
bzw.	beziehungsweise
°C	Grad Celsius
ca.	circa
cfu	colony-forming units
C_t	Schwellenwertzyklus (threshold cycle)
DNA	Desoxyribonukleinsäure (deoxyribonucleic acid)
ds DNA	doppelsträngige DNA
EDTA	Ethylendiamintetraacetat, Dinatriumsalz-Dihydrat
EtBr	Ethidiumbromid
EtOH	Ethanol
f	femto
FAM	5,6-Carboxyfluorescein
FRET	Fluoreszenz-Resonanz-Energietransfer
g	Erdbeschleunigung oder Gramm
ggf.	gegebenenfalls
h	Stunde(n)
HEX	5,6-Carboxy-4,7,2',4',5',7'-hexachlorofluorescein
l	Liter
LFGB	Lebensmittel- und Futtermittelgesetzbuch
LGL	Bayerisches Landesamt für Gesundheit und Lebensmittelsicherheit
m	Meter oder milli
M	Molar
min	Minute
n	nano

NaAc	Natriumacetat
NCBI	National Center for Biotechnology Information
OD	Optische Dichte
p	pico
PCR	Polymerase-Kettenreaktion (polymerase chain reaction)
PFGE	Pulsfeldgelelektrophorese
rpm	Umdrehungen pro Minute
s	Sekunden
s.	siehe
S.	Seite
SDS	Natriumdodecylsulfat (sodium dodecyl sulphate)
t	Zeit (time)
T	Temperatur
TAMRA	Tetramethyl-6-carboxyrhodamin
Taq	Thermus aquaticus
TE	Tris-HCl-EDTA-Puffer
Tm	Schmelztemperatur
Tris	Tris-(hydroxymethyl)-aminomethan
Tris-HCl	Tris-(hydroxymethyl)-aminomethanhydrochlorid
U	Aktivitätseinheit für Enzyme (units)
u.a.	unter anderem
u.U.	unter Umständen
UV	Ultraviolett
µ	mikro
v	Volumen
V	Volt
v.a.	vor allem
vgl.	vergleiche
W	Gewicht (weight)

7.3 Chemikalien, Pufferlösungen, Nährmedien und Materialien

7.3.1 Chemikalien

Es sind analysenreine, für die Molekularbiologie geeignete Chemikalien zu verwenden.

Borsäure

Bromphenolblau

Cetyltrimethylammoniumbromid (CTAB)

Chloroform

Ethanol

Ethidiumbromid, wässrige Lösung (0,1 %)

Ethylendiamintetraessigsäure (EDTA), Dinatriumsalz

Glycerin

Glykogen

Guanidin-Hydrochlorid

Guanidin-Thiocyanat, z.B. Sigma G 9277

Isoamylalkohol

Isopropanol

Magnesiumchlorid

Maleinsäure

Natriumchlorid

Natriumcitrat (x $3H_2O$)

Natriumdodecylsulfat (SDS)

Natriumhydroxid

N-Lauroylsarcosin

Phenol

Polyoxyethylen-Sorbitan-Monolaurat (Tween 20)

Salzsäure

Sarkosyl

Tris-Borat-EDTA-Mischung (TBE, 5 x) (Fertiggemisch, pulverförmig, mit Wasser aufzulösen); z.B. Fluka

Tris(hydroxymethyl)-aminomethan (Tris)

Tris(hydroxymethyl)-aminomethan-Hydrochlorid (Tris-HCl)

Triton X 100, z.B. Sigma T 8787

7.3.2 Geräte und Verbrauchsmaterialien

Agarose (z.B. Standard-Agarose; Roche Diagnostics oder Serva)

Agarosekammer (z.B. „Agagel Mini" oder „Maxi"; Biometra)

Base pair ladder (z.B. lambda-DNA-Digest, Pharmacia)

BioDetect 645 Analysator für die Auswertung des NUTRI®-Chip (bzw. vergleichbares Lesegerät)

„BioPhotometer" (Eppendorf)

CHEF-DR II Systems oder CHEF-DR III Systems für die PFGE (Bio-Rad)

CHEF Bacterial Genomic DNA Plug Kit (Bio-Rad)

DNA-Marker, z.B. 50 oder 100 base pair ladder bzw. lambda-DNA-Digest (Pharmacia)

Drigalski-Spatel

Druckluft oder Stickstoffgas zum Trockenblasen des NUTRI®-Chip

Einwegspritzen, steril, 5ml (nur Gehäuse)

Eppendorfgefäße 1,5ml und 2,0ml (z.B. Eppendorf, Hamburg)

Färbereagenz für DNA; z.B. Ethidiumbromid (Merck), 1:10 verdünnt (1 mg/ml); verdünnt auf je ca. 10-50 ng/µl

Färbeküvette nach Hellendahl (o.ä.) als Waschbehälter für NUTRI®-Chips

Gel-Dokumentationssystem (Biometra)

Gelkämme für Probentaschen (z.B. 40/22 Zähne für „Maxi"; 12/8 Zähne für „Mini")

Geltablett (transparent) mit Gummi-Endblöcken

Kolbenhubpipetten, variabel

Küvetten zur Messung von DNA-Konzentrationen im „BioPhotometer" (Brand, Eppendorf)

Präparierpinzette

MicroSpin Columns illustra (GE Healthcare)

Mikrozentrifuge

MinElute PCR Purification Kit (Qiagen)

Qiagen DNeasy Tissue Kit (Qiagen)

NUTRI®-Chip -Kit (Genescan Europe AG)
Petrischalen (Durchmesser 9 cm)
PCR-Gefäße, steril für die qualitative und die Real-Time PCR (mit Optical caps)
Real-Time PCR Gerät: LightCycler (Roche Diagnostics) bzw. GeneAMP® Sequence Detection System (Applied Biosystems ABI)
Spannungsgerät (z.b. Biometra)
Tischzentrifuge, kühlbar
Thermoblock (65°C) mit Schüttelvorrichtung (Eppendorf Thermo-Mixer)
Thermocycler für die PCR (GeneAmp 9600 oder 9700, Perkin Elmer; MJ-Research Cycler o. ä.)
UV-Transilluminator, Wellenlänge ca. 300 nm (z.B. Biometra TL)
Vortexer
Wasserbad, temperierbar (für die NUTRI-Chip-Analyse)
Zahnstocher, steril

7.3.3 Nährmedien für die Anzucht von Bakterien

Alle flüssigen Nährmedien wurden vor Verwendung, wenn nicht anders angegeben für 15 min bei 121 °C autoklaviert.

Gepuffertes Peptonwasser (BPW)

Granulat (Merck, Darmstadt)	25,5 g
Aq. dest.	ad 1000 ml
pH 7,0 ± 0,2	

Rappaport-Vassiliadis Anreicherungsbouillon

Granulat (Merck, Darmstadt)	41,8 g
Aq. dest.	ad 1000 ml
pH 5,2 ±0,2, bei 115°C für 15min autoklavieren	

CCDA (Campylobacter blood-free selective agar base) modifiziert
Granulat (Merck, Darmstadt) 22,75 g
Aq. dest. ad 500 ml
Autoklavieren, auf 45-50°C abkühlen
Inhalt einer Ampulle CCDA Selective Supplement (Merck, Darmstadt) mit 2ml sterilem Aq. dest. lösen und steril zu dem abgekühlten CCDA-Medium zufügen und mischen
pH 7,4 ±0,2

Campylobacter Selective Agar nach Butzler (CB)
Columbia Agar Basis (Merck, Darmstadt) in 42,0 g
Aq. dest. lösen (unter Erhitzen) und autoklavieren 800 ml
auf 50°C abkühlen und
Schafsblut (defibriniert, auf 40°C erwärmt) und 200 ml
Inhalt von 2 Ampullen Campylobacter Selektiv-Supplement-Butzler (Oxoid, Wesel), die mit 3ml Ethanol/Aq. dest 1:1 aufgelöst sind, zugeben
pH 7,3 ±0,2

Preston Anreicherungsbouillon
Fleischextrakt 50,0 g
Pepton 50,0 g
NaCl in 25,0 g
Aq. dest. suspendieren, unter erhitzen lösen, autoklavieren 4500 ml
auf 50°C abkühlen und
Pferdeblut (lysiert) sowie 500,0 ml
Preston Selektiv Supplement 10 Ampullen
Anreicherungssupplement 10 Ampullen
zufügen

Preston Selektiv Supplement
je Röhrchen (1 Röhrchen für 500 ml Nährboden)

Polymyxin B	2500 IE
Rifampicin	5 mg
Trimethoprim	5 mg
Cycloheximid	50 mg

Preston Anreicherungs-Supplement
je Röhrchen (1 Röhrchen für 500 ml Nährboden)

Natriumpyruvat	125 mg
Natriumdisulfit	125 mg
Eisen(II)-sulfat	125 mg

Fraser Bouillon, halbkonzentriert

Granulat (Merck, Darmstadt)	55,0 g
Aq. dest.	ad 1000 ml

Autoklavieren, abkühlen auf 50°C
Zugabe von dem in je 1ml sterilem Aq. dest. gelösten Inhalt einer Ampulle amonium-iron(III)-citrat und einer Ampulle Selective Supplement
pH 7,2 ± 0,2

Fraser Bouillon
Wird aus Fraser Bouillon, halbkonzentriert hergestellt, indem ein zusätzliches Fraser Listeria Supplement zugegeben wird (d.h. Inhalt einer Ampulle ammonium-iron(III)-citrat und einer Ampulle Selective Supplement)

TSA-Agar (Tryptic Soy Agar)

Granulat (Merck, Darmstadt)	40 g
Aq. dest.	ad 1000 ml

Autoklavieren
pH 7,3± 0,2

Plate count Agar
Fertigmedium (Merck, Darmstadt)

7.3.4 Reagenzien für die Molekularbiologie

Aq. dest. bidest, autoklaviertes Wasser oder kommerziell erhältliches steriles Wasser (Aqua ad iniectabilia); zur Herstellung von Lösungen, die autoklaviert werden, wurde Aq. bidest verwendet	kommerziell erhältlich
Nucleotid-Mix	z.B. Roche Diagnostics
10x Puffer und Polymerasen	z.B. Roche Diagnostics
Oligonucleotide	z.B. Fa. TIB Molbiol, Berlin
Restriktionsendonukleasen	z.B. New England Biolabs
Herring sperm DNA	Promega

7.3.5 Rezepturen für die Molekularbiologie

Handelt es sich um Pufferlösungen, die zu autoklavieren sind, so erfolgte dies bei 120°C und 1 bar für 20 min.

Lysozym-Lösung 20 mg/ml
Lysozym	200,0 mg
Aq. bidest., steril	10, 0 ml

Proteinase K-Lösung, 20 mg/ml
Proteinase K	40,0 mg
Aq. bidest., steril	2,0 ml

RNAse-Lösung, 10 mg/ml
RNase A zu 10mg/ml in 10mM Tris-HCl (pH 7,5) / 15mM NaCl lösen. 15-20min bei 95°C halten. Auf RT abkühlen lassen

Chloroform/Isoamylalkohol-Mischung (24 + 1)
Chloroform	32,8 ml
Isoamylalkohol	2,4 ml

CTAB-Puffer, pH 8,0
2% (w/v) CTAB	20,0 g
1,4 M NaCl	82,0 g
20 mM EDTA (Na-EDTAx2 H_2O, Titriplex)	7,4 g
100 mM Tris-HCl	16 g
Aq. bidest., mit Natronlauge auf pH 8,0 einstellen	ad 1 l

autoklavieren

CTAB-Präzipitationslösung, pH 8,0
0,04 M NaCl	0,23 g

5% (w/v) CTAB	0,5 g
Aq. bidest.	ad 100 ml
autoklavieren	

Ethanol, 70%

Ethanol (96%, unvergällt)	35 g
Wasser	13 g

SDS Puffer (10 mM Tris-HCl, 150 mM NaCl, 2 mM EDTA, 1% SDS), pH 8,0

10 mM Tris-HCl	1,6 g
150 mM NaCl	8,8 g
2 mM EDTA(Na-EDTA x 2H$_2$O; Titriplex)	0,74 g
1% SDS	10,0 g
Aq. bidest.	ad 10 ml
autoklavieren	

5 M Guanidin-HCl

Guanidin-HCl	2,39 g
Aq. bidest	ad 5 ml

Guanidin-Thiocyanat-Puffer

0,1 M Tris/HCl	1,57 g
in ca. 70 ml Aq. bidest lösen, auf pH 6,5 einstellen	ad 100 ml
0,5 M EDTA (Na-EDTA x 2H$_2$O; Titriplex)	18,6 g
in ca. 70 ml Aq. bidest lösen, auf pH 8,0 einstellen	ad 100 ml
Puffer:	
Tris/HCl	100 ml
EDTA	8,8 ml
Aq. bidest.	13,2 ml
Triton X 100	2,6 g
Guanidintiocyanat	120 g

autoklavieren

Loading - Buffer für Elektrophorese (0,07% Bromphenolblau in Glycerin (40% (v/v) in TBE Puffer

Bromphenolblau	7 mg
Glycerin	4 ml
1 x TBE, pH 8,0	ad 10 ml

1 x TBE

5 x TBE	200 ml
Wasser	800 ml

0,2 x TE

1 x TE	200 ml
Aq. bidest.	ad 1 l

autoklavieren

0,2 x TE (für DNA-Präparation)

TE-Puffer sterilfiltrieren, mit 4fachem Volumen an sterilem Aq. dest. versetzen

autoklavieren

Isopropanol, 80%

Isopropanol	40 ml
Aq. bidest.	10 ml

SOC-Medium (für die Klonierung)

Bacto-Tryptone	2,0 g
Bacto-yeast extract	0,5 g
NaCl 1 M	1 ml
KCl 1 M	0,25 ml
Aq. dest.	97 ml

Autoklavieren, anschließend hinzufügen:

Mg_2^+- stock, 2 M, filtersterilisiert	1 ml
Glucose 2 M, filtersterilisiert	1 ml

Mit sterilem Aq. dest auf 100 ml auffüllen, gesamtes Medium sterilfiltrieren, pH 7,0

2 M Mg_2^+- stock

$MgCl_2$ x 6 H_2O	20,33 g
$MgSO_4$ x 7H_2O	24,65 g

Mit Aq. dest auf 100 ml auffüllen, filtersterilisieren

IPTG- stock

IPTG	1,2 g

in 50 ml Aq. dest. Lösen, filtersterilisieren

xGal

5-bromo-4-chloro-3-indolyl-beta-D-galactosid	100 mg

in 2 ml N,N´-dimethyl-formamid lösen, dunkel aufbewahren

LB-Platten mit Ampicillin

Bactotryptone	10 g
Bacto-yeast extract	5 g
NaCl	5 g

Mit Aq. dest. ad 1l, pH 7,0, Zugabe von 15 g Agar agar vor dem Autoklavieren

Das Medium auf 50°C abkühlen lassen, bevor Ampicillin zu einer Endkonzentration von 100 µg/ ml zugegeben wird

i want morebooks!

Buy your books fast and straightforward online - at one of world's fastest growing online book stores! Environmentally sound due to Print-on-Demand technologies.

Buy your books online at
www.get-morebooks.com

Kaufen Sie Ihre Bücher schnell und unkompliziert online – auf einer der am schnellsten wachsenden Buchhandelsplattformen weltweit! Dank Print-On-Demand umwelt- und ressourcenschonend produziert.

Bücher schneller online kaufen
www.morebooks.de

VDM Verlagsservicegesellschaft mbH
Heinrich-Böcking-Str. 6-8   Telefon: +49 681 3720 174   info@vdm-vsg.de
D - 66121 Saarbrücken   Telefax: +49 681 3720 1749   www.vdm-vsg.de

Printed by Books on Demand GmbH, Norderstedt / Germany